HARALD KARRER

VISUALISIEREN FÜRS BUSINESS & SO

CLEVER KOMMUNIZIEREN MIT DEM STIFT

BusinessVillage

Harald Karrer
Visualisieren fürs Business & so
Clever kommunizieren mit dem Stifts
1. Auflage 2024

Bestellnummern
ISBN 978-3-86980-722-5 (Druckausgabe)
ISBN 978-3-86980-723-2 (E-Book,PDF)

Direktbezug www.BusinessVillage.de; PB-1176

Bezugs- und Verlagsanschrift
BusinessVillage GmbH
Reinhäuser Landstraße 22
37083 Göttingen
Telefon: +49 (0)5 51 20 99-1 00
E-Mail: info@businessvillage.de
Web: www.businessvillage.de

Autorenfoto | Robert Six

Layout und Satz | Harald Karrer

Druck und Bindung | www.aalexx.de

Inhalt

Über den Autor

Harald Karrer hat seit vielen Jahren als Berater, Trainer und Coach sein Leben und Wirken ganz der Kraft der gezeichneten Bildersprache verschrieben. Seit 2010 bietet er als selbstständig tätiger Visualisierungsspezialist seinen Kunden außergewöhnliche Einblicke in deren Organisationen, Prozesse und Beziehungen. »Einzigartig! Inspirierend! Genial!« sind Aussagen die Betrachter seiner Business-Zeichnungen spontan kundtun.

Kontakt

E-Mail: hk@visualsforbusiness.com

Web: https://visualsforbusiness.com

Das Downloadangebot zum Buch

In diesem Buch geht es darum, eine Kompetenz zu entwickeln. Da dürfen Übungen und Zusatzmaterial nicht fehlen. Am Ende des Buches stehst du vor der Herausforderung, das Gelernte in die Praxis zu überführen. Damit das noch leichter für dich wird, gibt es digitales Zusatzmaterial zum Buch. Zum Zeitpunkt des Erscheinens werden folgende Tools zur Verfügung gestellt:

Das Downloadangebot des Verlages zum Buch

www.businessvillage.de/DL-1176.html

1. Vorstellrunde – Kritzelblatt
2. Fünfzehn Begriffe in 150 Sekunden
3. Das Zeichen-Aufwärmblatt
4. Die Grundformen-Challenge
5. Visuelle Frameworks als Vorlagen
6. Körper und Kopf | Proportionen
7. Bildvokabel 2 Go
8. Flipcharts 2 Go
9. Moderationsschrift Vorlage
10. NeulandFont 2017

Einführung

Zwei erschütternde Fragen

Zu Beginn eines Seminars stelle ich gerne die Frage: »Wer von euch kann zeichnen?«

Wie du dir denken kannst, reagieren die Meisten auf diese Frage eher mit Zurückhaltung – ich gebe zu, manche wirken richtiggehend schockiert!

Ich kann an dieser Stelle in den Gedanken einiger Teilnehmenden lesen »Oh Gott – warum habe ich mich überhaupt angemeldet? Das wird sicher peinlich für mich. Und jetzt auch noch diese direkte Frage, ob ich zeichnen kann! ...«

Ich entschärfe die Situation dann gleich wieder mit einer weiteren Frage: »Wer von euch kann schreiben?«

Auch hier blicke ich durchaus in ungleich weniger staunende Gesichter. Wobei »irritiert« hier wohl der passendere Ausdruck wäre. Nur, der Gedanke ist vermutlich ein anderer: »Wie kommt er auf diese Frage? Selbstverständlich kann ich schreiben. Frechheit! ...« Manchmal kommt eine Gegenfrage: »Was heißt ›schreiben können‹?« (oder auch »Was heißt ›zeichnen können‹?«) – Auf die Frage nach dem Schreiben antworte ich: »Buchstaben zeichnen!« Ah ja – jetzt ist alles klar. »Natürlich kann ich Buchstaben zeichnen!«

Warum diese zwei Fragen zu Beginn eines Seminars zum Thema »Zeichnen im Business« oder »Wirkungsvolle Flipchartgestaltung«? Einerseits, um aufzuzeigen, dass es hier einen großen Unterschied gibt (der den meisten gar nicht bewusst ist) und andererseits, um aufzuzeigen, dass es sich sowohl beim Schreiben als auch beim Zeichnen um Kulturtechniken (wie etwa auch Tanzen, Kochen, Sprechen etc.) handelt, welche von uns erlernt und kultiviert wurden und werden. Da und dort gilt freilich: Übung bringt Meister und Meisterinnen hervor!

Zeichenkunst

Zudem kläre ich zu Beginn einer solchen Veranstaltung gerne gleich die Grenze zwischen dem Zeichnen als Kommunikationsmittel und dem künstlerischen Zeichnen. Denn, mit Kunst hat das, was ich Menschen in meinen Kursen vermittle, kaum etwas zu tun.

Zeichnen ist nicht einmal eine Voraussetzung, um eines meiner Seminare erfolgreich besuchen zu können! Nachdem ich das verlautbart habe, herrscht allgemeine Erleichterung. Ich kann an der Körpersprache regelrecht erkennen, wie sich alle entspannen!

Auch wenn zu diesem Zeitpunkt noch gar nicht klar ist, was denn hier eigentlich im Detail erlernt werden soll und vor allem wie!

Des Pudels Kern

Und genau hier setzt dieses Buch an! Wir stürzen uns nicht gleich mit geöffnetem Flipchartmarker ins Verderben, sondern wollen zuerst einmal klären, wozu Zeichnen im Business gut ist. Meine Philosophie war von jeher eine sehr pragmatische: Tue das, was notwendig ist – nicht mehr (aber auch nicht weniger).

Ich habe weder eine grafische Ausbildung, noch wurde ich mit einer besondern Freude am Zeichnen geboren (und mit Talent schon gar nicht). Und ich kam in meinem Leben auch ganz gut ohne das Zeichnen zurecht. Bis zu jenem Tag, an dem mir die Wirkung von Visualisierungen auf Menschen schlagartig bewusst wurde.

Als gelernter Banker hatte ich von Anbeginn meiner beruflichen Laufbahn Zahlen und Buchstaben am professionellen Schirm. Viele der Kontonummern der Kundinnen und Kunden kannte ich mit der Zeit auswendig. Erst als ich mich viele Jahre später mit dem Thema der Neurodidaktik zu befassen begann, wurde mir klar, dass ich mir erfolgreich Eselsbrücken zwischen den Zahlen und Namen der Konten gebildet hatte. Und meine Kolleginnen und Kollegen taten genau dasselbe – wir tauschten uns nur nie darüber aus. Und so verhielt es sich auch mit dem Thema der Visualisierungen. Die, die diese einsetzen (in Meetings, Präsentationen und so weiter) waren immer klar im Vorteil! Die Schattenseite war allerdings jene, dass die Recherche und Erstellung solcher visuell ansprechenden Events richtig viel Zeit in Anspruch nahm. Jahre später weiß ich, dass es viel einfacher geht: Zeichne genau das, was du brauchst, selbst! Für mich war das ein sehr steiniger Weg, da ich mir zuerst die Erkenntnis und dann auch noch die dazugehörigen Techniken und Inhalte intensiv erarbeiten musste. Das will ich euch ersparen! Dieses Buch zeigt euch, wie einfach es sein kann, wirkungsvoll die eigenen Gedanken visuell mitzuteilen, Sachverhalte einfach und verständlich mit Zeichnungen zu erklären oder auch das eigene Denken mit Formen und Linien zu boosten.

An wen sich dieses Buch richtet

»Jetzt sagt er bestimmt: Dieses Buch richtet sich an alle Menschen!« – Was soll ich sagen – ja, so ist es tatsächlich. Ich gebe aber auch gerne ein paar Beispiele: Es richtet sich an Dozentinnen und Dozenten, die zeigen wollen, wie etwas funktioniert. An Trainerinnen und Trainer, die anschaulich ihre Inhalte vermitteln und Menschen zur Mitarbeit einladen wollen. An Beraterinnen und Berater, die Kompliziertes einfach darstellen wollen. An Menschen, die an Projekten arbeiten, die das große Ganze darstellen und einen Fokus erzeugen wollen. Und auch an Führungskräfte, die wirkungsvoll kommunizieren und der Komplexität des Teams gerecht werden wollen. Und aus eigener Erfahrung kann ich sagen: Mir hilft das Wissen aus diesem Buch bereits seit über zwanzig Jahren, um erfolgreich wirkungsvoll sein zu können.

Wie du das Buch liest

Das Buch ist so aufgebaut, dass sich die ersten Kapitel mit dem Wozu und Wie befassen und die darauf folgenden Kapitel mit dem Was. Menschen, die dieses Buch zum ersten Mal lesen, empfehle ich, sich die ersten Kapitel jedenfalls zu Herzen zu nehmen. Wenn du hingegen das Buch bereits öfters zur Hand nimmst, kannst du jedes Kapitel als eigenständige Inspirationsquelle nutzen.

Denke immer daran: Eine Kulturtechnik lebt davon, dass sie eingesetzt wird. In diesem Sinn: Keep on drawing!

Wien, Jänner 2024

1 Achtung! Denkfehler! Zeichnen ist keine Talentfrage

Kinder kommunizieren zeichnend

Kinder zeichnen mit Freude und Begeisterung. Nachdem wir alle einmal Kinder waren, haben wir Erlebnisse mit dieser Form der visuellen Kommunikation sammeln können.

In frühen Jahren gibt es hier wahrscheinlich fast ausschließlich Positives zu berichten. Welcher Erwachsene freut sich nicht darüber, von einem fünfjährigen Kind mit einer Zeichnung beschenkt zu werden! In freudiger Erwartung überreichen die Knirpse ihre Kunstwerke und blicken dabei in die strahlenden und dankbaren Augen der Erwachsenen.

Ich gebe zu, das klingt ein wenig pathetisch, aber trifft dennoch in den meisten Fällen die Realität. Betrachtet man diese Bilder genauer, so stößt man hier im Regelfall nicht auf künstlerische Absichten, sondern auf eine Form der Kommunikation. Viele Kinder zeichnen beispielsweise mit Vorliebe soziale Gefüge wie Familien. Familie ist durchaus ein komplexer Sachverhalt. Würde mich jemand

Zeichnung meines Bonussohns Tobias

fragen, was eine Familie ist, könnte ich keine erschöpfende Antwort geben, ohne weitere Fragen zu stellen. Das Kind greift hingegen zum (Bunt-)Stift und zeichnet munter darauf los! »Hier hast du deine Antwort!«

Die meisten von uns hören im Alter zwischen acht und zwölf Jahren mit der visuellen Kommunikation in dieser Form auf.

Ich finde das sehr bedauernswert, denn als Kind war uns (auch in Ermangelung von Alternativen) unbewusst klar, dass dies eine wunderbare (Kultur)Technik ist, um der Komplexität des Lebens habhaft zu werden. Als Erwachsene versuchen wir dann, diese Komplexität (die ja mit den Jahren durchaus zunimmt – man denke nur an manche beruflichen Herausforderungen) mit Sprache und geschriebenen Worten (Zahlen, Daten, Fakten) zu bändigen. Zu unserem Leidwesen häufig mit wenig Erfolg oder noch schlimmer: gekrönt von Missverständnissen und Misserfolgen. Sich wieder des Zeichnens zu bedienen würde dabei kaum jemanden einfallen.

Zeichnen als Mittel zum Zweck

Ich habe sieben Jahre lang Philosophie an der Universität Wien studiert – berufsbegleitend. Ich war fast zwanzig Jahre in der Finanzbranche tätig und hatte eine solide Ausbildung als Banker. In den ersten beiden Jahren meines Philosophie-Studiums bin ich in Vorlesungen gesessen und habe genau nichts verstanden. Es lag dabei nicht an der Fülle von lateinischen und altgriechischen Ausdrücken. Nein – ich konnte jeden deutschen Satz verstehen. Ich konnte fast jedes Wort verstehen. Nur, die Zusammenhänge ergaben für mich einfach keinen Sinn! Mein Banker-Gehirn konnte so einfach nicht denken! Ein sehr geschätzter Professor sagte einmal zu mir: »Im Studium der Philosophie lernen Sie zu denken.« Zum damaligen Zeitpunkt war mir nicht klar, was er mir damit sagen wollte – heute finde ich es absolut zutreffend!

Mich hat es sehr fasziniert, dass ich auf eine mir so fremde Art zu denken gestoßen war. Also blieb ich dran und begann damit, meine Mitschriften mit schematischen Darstellungen (Vierecken, Kreisen, Pfeilen, Verbindungen etc.) anzureichern und während des Zeichnens nachzudenken. Es war wie ein Wunder! Ich konnte förmlich beobachten, wie sich all die Anstrengungen, verstehen zu wollen, in Entspannung wandelten. Ich konnte mich plötzlich, in diesen mir bis dahin fremden Welten, bewegen und zurechtfinden. Es wurden Wegmarken gesetzt und Zusammenhänge hergestellt. Nichts schien mir mehr unmöglich, gedacht zu werden. Ein neues Gefühl von Freiheit stellte sich in mir ein und damit auch ein neues Selbstbewusstsein. Erst später wurde mir klar, dass dies die Geburtsstunde meiner zukünftigen beruflichen Richtung war. In den folgenden Jahren beendete ich meine Karriere im Finanzbereich, gründete mein eigenes Unternehmen und begann damit, die ersten Business-Zeichen-Kurse zu geben.

Zeichnen im Business

Der größte Teil meiner beruflichen Tätigkeit bestand jedoch in der Unternehmensberatung, dem Coaching und vor allem der Tätigkeit als Trainer. Noch heute arbeite ich in allen drei Bereichen mit viel Begeisterung und Leidenschaft. Der Erfolg stellte sich allerdings erst ein, als ich mich voll und ganz der Kulturtechnik des Visualisierens verschrieben hatte und diese konsequent in allen Bereichen ein- und umsetzte. In den vergangen zehn Jahren sind so zahlreiche neue Methoden und Ansätze entstanden. Und somit auch dieses Buch.

Legen wir also los!

2 Mythos: »Die schöne Zeichnung«

Als Kind gewusst – als Erwachsener vergessen

Eine Bitte: Nimm ein Blatt Papier, einen Stift und zeichne das, was du heute beruflich machst. – Na? Steigen schon die Schweißperlen auf? Beginnt das Herz schneller zu schlagen und beginnen die Hände feucht zu werden? In den meisten Fällen spätestens dann, wenn die ersten Striche gesetzt wurden und nicht dem entsprechen, was du eigentlich darstellen wolltest. Viele Menschen geben mir auf diese Übung das Feedback: »Das sieht nicht so aus, wie es in meinem Kopf ist.« Und selbstverständlich der beliebte Satz: »Das ist nicht schön« oder »Ich entschuldige mich bereits jetzt dafür«.

Mein Fehler! Ich habe vergessen zu bedenken, dass du nicht zeichnen kannst. Zumindest nicht so, dass du es schön findest! Ich versuche es nochmals: Nimm ein Blatt Papier, einen Stift und zeichne das, was du heute beruflich machst und zwar so, als ob du im Alter von fünf Jahren mit dem Zeichnen aufgehört hast. Fertige eine Kinderzeichnung an! – Na? Ändert sich etwas dadurch?

Hier ein paar interessante Fragen zur Selbstreflexion:

- Was macht das mit deinem Anspruch bezüglich des Erscheinungsbildes des Ergebnisses?
- Was macht das mit deiner Herangehensweise an die Zeichnung und den damit verbundenen Emotionen?
- Was würdest du deinem fünfjährigen Ich als Feedback auf die Zeichnung geben?

An dieser Stelle werde ich von Lernenden häufig darauf hingewiesen, dass sie jetzt ja erwachsen seien und das Ergebnis auch dem entsprechen solle. Mit einer Kinderzeichnung könne man schließlich nicht vor Vorgesetzten, Kolleginnen oder Kunden aufwarten. Man würde sich ja der Lächerlichkeit preisgeben!

Kindisch!

Stimmt nicht! Und Ausnahmen dürfen gerne die Regel bestätigen. Nehmen wir zum Beispiel folgenden wichtigen Punkt aus dem Businessleben und der Lehre: Klarheit schafft Verständnis. – Wenn mir jemand etwas erklären will und ich verstehe es nicht, sage ich gerne: »Erkläre es mir so, wie du es einem Fünfjährigen erklären würdest.« Das klappt in den meisten Fällen! Zumindest kann ich so jene Fragen stellen, die mich weiterbringen. Und genau darum geht es auch bei dieser Zeichnung: Weniger ist mehr! Einfach ist besser als kompliziert und aufwendig! Der Zweck soll in dem Fall die Mittel heiligen. Sieh die Zeichnung nicht als etwas, dass du dir an deine Bürowand hängen willst. Es ist lediglich der nächste Schritt in der Kommunikationskette. Ein hilfreiches Werkzeug, dass dein Gegenüber beim Verstehen hilft oder auch dir beim Nachdenken. Wer hat etwas von »schön« gesagt? Und sind wir uns ehrlich: Schönheit liegt im Auge des Betrachtenden. Ich beobachte bereits seit Jahren folgendes spannende Phänomen: Zehn Menschen nehmen an einem Flipchartkurs teil. Neun Menschen sagen, wie toll sie die Ergebnisse der anderen finden und wie unansehnlich die eigene Zeichnung ist. Und wie gerne sie dieses oder jenes könnten, dass die anderen so fabulös umgesetzt haben. Und dasselbe dann nochmals beim Thema »Handschrift«. Aufs Schreiben wollen die Meisten dann doch nicht verzichten und akzeptieren das Ergebnis. Das Zeichnen hingegen lässt man dann einfach sein.

Ich will es an dieser Stelle auch gerne von einer anderen Seite ganz nüchtern betrachten: Ich habe zwei Kommunikationsmittel zur Verfügung – A (das Schreiben) und B (das Zeichnen). B entspricht dem, wie unser Gehirn Inhalte wirkungsvoll verarbeitet (in Bildern). A muss hingegen erst in Bilder übersetzt und aufwendig mit vielen Worten umschrieben werden. Um möglichst wirkungsvoll zu sein, würde ich mich in dem Fall eher für B entscheiden. Aber Halt! B ist für mich Fremdsprache. Die kann ich (noch) nicht. Die müsste ich lernen. Ich bleibe bei A – das funktioniert zwar nur mittelprächtig, ist aber eine bequeme Lösung. Den Mehraufwand und die Missverständnisse nehme ich gerne in Kauf. Außerdem wüsste ich gar nicht, wo ich mit B beginnen soll.

Wo du nicht beginnen solltest: Beim Zeichenunterricht in der Grundschule! Lass uns an der Stelle weitermachen, an der du das Kommunizieren mit dem Stift noch als wertvolle Ressource und Werkzeug eingesetzt hast: Als Fünfjähriger!

Und wenn es schön sein soll, dann buche einen Zeichen- oder Malkurs oder beauftrage jemanden mit grafischer Ausbildung. Wenn es wirkungsvoll sein soll, dann lies weiter und freue dich, dass du etwas wieder entdeckt hast, dass die Menschheit vor tausenden Jahren als das Kommunikationsmittel schlechthin eingesetzt hat:

Visualisierung als Kulturtechnik!

Zeichnen ist Zeigen mit dem Stift!

- »Komm! Ich zeige es dir!«
- »Wenn ich es sehe, glaube ich es auch!«
- »Visualisieren als Kulturtechnik« – Was soll das eigentlich sein?

Ich will es an dieser Stelle kurz erklären.

Christoph Niemann, ein sehr erfolgreicher deutscher Illustrator (seine Arbeiten erschienen unter anderem auf den Titelseiten von The New Yorker und dem New York Times Magazin), erdachte das sogenannte Abstract-O-Meter.

Am einen Ende des Abstract-O-Meters (rechte Seite) siehst du die total abstrakte Darstellung eines Herzens. Der Vorteil dieser Darstellungsweise besteht darin, dass du diese Zeichnung sehr schnell anfertigen kannst – der Nachteil hingegen liegt auf der Hand: Es ist nicht erkennbar, um was es sich hier handelt!

Am anderen Ende des Abstract-O-Meters (linke Seite) siehst du die realistische Darstellung eines Herzens. Hier liegt der Vorteil darin, dass die Zeichnung sehr gut erkennbar ist – der Nachteil ist offensichtlich jener, dass diese Form der Darstellung viel Zeit (und Können) in Anspruch nimmt.

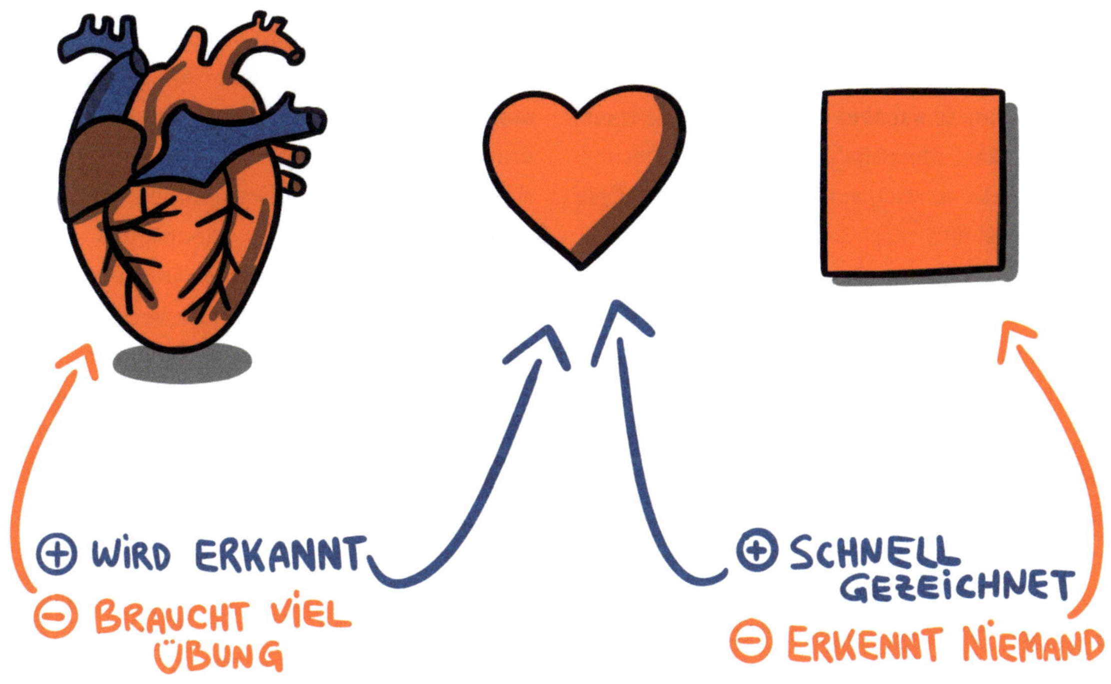
DAS ABSTRACT-O-METER ALS ZEICHENHILFE
(EIGENE DARSTELLUNG IN ANLEHNUNG AN CHRISTOPH NIEMANN)
⊕ WIRD ERKANNT
⊖ BRAUCHT VIEL ÜBUNG
⊕ SCHNELL GEZEICHNET
⊖ ERKENNT NIEMAND

Die Darstellung in der Mitte vereint hingegen beide Vorteile: Einerseits kann diese symbolische Variante recht rasch zeichnerisch umgesetzt werden und andererseits ist sie ebenfalls gut erkennbar!

Niemann verwendet das Abstract-O-Meter zwar nicht in diesem Sinn, für mich war aber klar: Das ist eine hervorragende Erklärung, wie Visualisieren als Kulturtechnik (als Kommunikationsmittel) aussehen soll und was diese Technik leisten kann:

Einfach und schnell anwendbar – gut und eindeutig erkennbar!

Zeichnen Menschen ohne entsprechende grafische Ausbildung möglichst detailgetreu, ist es sogar häufig der Fall, dass die Zeichnung mehr und mehr missverständlich wird. Bleiben wir hingegen mit der Darstellung unserer Zeichnungen im mittleren Bereich des Abstract-O-Meters, dann gewinnen diese an Eindeutigkeit und damit Klarheit! Und das ist es, was wir bei der erfolgreichen Kommunikation erreichen wollen.

Und vor allem geht es nicht darum, möglichst schön zu zeichnen. Wirf diesen Gedanken bitte über Bord! Das Schön-Schreiben und Schön-Sprechen wird auch häufig als Luxus verstanden – beim Zeichnen ist es in dem Fall dasselbe. Viel wichtiger ist das Leserlich-Schreiben und Verständlich-Sprechen und im Fall des Zeichnens eben das Erkennbar-Zeichnen. Alles andere ist unnötiger Druck und Belastung und zielt in Richtung Kunstunterricht. Befreie dich von diesem Druck und konzentriere dich darauf, die Technik zu erlernen und anwenden zu können. Mit der Übung wird das Ergebnis natürlich immer ansehnlicher und damit auch noch wirkungsvoller. Beim Schreiben und Sprechen ist es ja auch nicht anders.

Ich arbeite unter anderem als Graphic Recorder. Das sind jene Menschen, die bei Events jeder Art im Hintergrund, auf großen Leinwänden, ein visuelles (für alle gut sichtbares) Verlaufsprotokoll der Veranstaltung erstellen. Viele meiner Kolleginnen und Kollegen sind grafisch ausgebildet und arbeiten auch als Illustratoren. Das sieht man dann auch am Ergebnis! Es entstehen eindrucksvolle Werke, bei denen gekonnt Werkzeug, Farbe und Formen eingesetzt worden sind. Ich finde diese Ergebnisse sehr ansprechend, aber eben auch sehr anspruchsvoll. Abgesehen davon, dass ich das eingedeutschte Wort »Graphic Recorder« nicht mag, da es mich an eine Maschine (wie zum Beispiel einen Videorekorder) erinnert, schreckt es Menschen ab, selbst das Zeichnen als Kulturtechnik einzusetzen. Warum?

Ich versuche, es damit deutlich zu machen: »Ich kann nicht zeichnen.« Ich habe auch nicht den Anspruch, kunstvolle Zeichnungen zu erstellen. Ich will hingegen erfolgreich kommunizieren. Ich verwende auch so gut wie keine Zeit darauf, meine grafischen Fertigkeiten ständig zu verbessern. Ich arbeite hingegen gerne an der Übersetzung von Inhalten in visuelle Strukturen, in Metaphern und der erfolgreichen Verbindung von Wort und Bild. Immer mit dem Ziel, die gewünschte Wirkung zu erzielen (in der Beratung, im Coaching, bei Präsentationen, in Diskussionen, in der Moderation und so weiter).

Ich bin beispielsweise auch ein großer Fan davon, dass Menschen ihre eigene Handschrift einsetzen (und auch finden) und nicht eine konformistische Moderationsschrift erlernen und damit eine Vielfalt aufgeben, die uns allen sehr guttut. Freilich muss diese Schrift auch lesbar sein, denn ansonsten würde ja wieder das übergeordnete Ziel (erfolgreiche Kommunikation) darunter leiden. Die Handschrift ist zum Teil Ausdruck unserer Persönlichkeit und Geschichte und trägt damit auch zur Kommunikation bei. In einer Zeit, in der die Technokratie hochgehalten wird, ist Authentizität ein Muss für kreatives Schaffen und erfolgreiche Kommunikation in komplexen Situationen.

Was ich damit sagen will, ist: Denken und Handeln sollten von einem humanistischen Weltbild geprägt sein und das sollte dann konsequenterweise auch in die Kulturtechnik miteinfließen:

Menschen zeichnen für sich selbst und für andere Menschen.

Wollen wir wirksam und damit erfolgreich kommunizieren, dann sollten wir zu dem stehen, was wir machen und wie wir es machen und idealerweise in einen Dialog treten. Und genau dafür ist das Zeichnen als Kulturtechnik auch gedacht (egal ob analog oder digital). Vieles von dem, was du in diesem Buch noch lesen wirst, lässt sich außerdem auch wunderbar bei der Gestaltung von PowerPoint-Folien oder digitalen Whiteboards und dergleichen einsetzen.

3

Aufklärung: Dein neuer Einstieg heißt OUW

Das Gute ist: Wer schreiben kann, kann auch zeichnen! Du hast es vielleicht bereits vermutet, als ich das Schreiben als zeichnen von Buchstaben bezeichnet habe. Mehr dazu gleich!

Setze dein zeichnerisches Potenzial frei!

Es gibt mittlerweile einige Bücher am Markt, die sich mit dem Zeichnenlernen selbst, Scribbeln, Sketchnoten, Flipchartgestalten und so weiter beschäftigen. Je nachdem, welche Absichten du verfolgst, kann ich viele davon wärmstens empfehlen. Und da sind die vielen Onlinekurse der letzten Jahre noch gar nicht mitbedacht.

Und auch Folgendes ist mir wichtig zu sagen: Nichts ersetzt ein Präsenz-Training (ob einzeln oder in einer Gruppe) – jemand, der mit dir arbeitet und dir zeigt, was zu tun (und zu lassen) ist und wie du dich weiterentwickeln kannst. Schließlich haben wir alle unsere individuelle biologische Ausstattung und diese gilt es, gekonnt beim Zeichnen einzusetzen.

Ich erinnere mich dabei an meine Schulzeit, als ich damit begonnen hatte, Tennis zu spielen. Da gab es keinen Profi, der mit mir gearbeitet hat, sondern ich habe einfach experimentiert. Soweit auch gut – als ich Jahre danach meine ersten Tennisstunden genommen hatte, war es allerdings sehr herausfordernd für mich, diesen oder jenen falschen Schlag umzulernen beziehungsweise ganz sein zu lassen. Die Bewegungen waren in meinen neuronalen Autopiloten einprogrammiert.

In meinen Business-Zeichen-Kursen sieht das so aus, dass die meisten Teilnehmenden selbstverständlich schon Erfahrung zumindest mit dem Schreiben am Flipchart gesammelt haben. Allein der Umstand, dass ich zeige, welche Stifte man wie verwendet und jedem Teilnehmenden bei der Anwendung hilfreiche Hinweise gebe, führt zu ganz neuen Ergebnissen. Aussagen wie »das ist ja genial – was das ausmacht, den Stift richtig zu halten – Wahnsinn« sind an der Tagesordnung. Daher bin ich ehrlich: Persönliches Feedback im Miteinander-TUN ist etwas, das ein Buch oder ein Onlinekurs nicht ersetzen kann. Es sei hier aber auch ergänzt: Persönliches Feedback braucht es gar nicht übermäßig viel! Auch wenige Einzelstunden bei einem Profi sind vollkommen ausreichend. Der größte Teil der Arbeit besteht letzten Endes darin, das Gelernte anzuwenden und so immer sicherer und besser in Ausdruck und Form zu werden.

Viele Sprachschulen empfehlen, in jenes Land zu reisen, dessen Sprache man gerade lernt, um sich sprachlich zu verbessern. Das Schöne an der Kulturtechnik des Visualisierens ist, dass diese Sprache auf der ganzen Welt gesprochen wird! Du kannst also immer und überall damit arbeiten und dadurch auch üben. Ich habe bereits in einigen Ländern der Welt (und vor allem in unterschiedlichen Kulturkreisen) visuelle Übersetzungsarbeit geleistet – immer mit Erfolg und zum Vorteil meiner Auftraggeberinnen und Auftraggeber.

Das heißt: Im nächsten Meeting, beim nächsten Vortrag, Video oder wo und wann auch immer, nimm dir einen Stift zur Hand und reichere deine Notizen mit Visualisierungen an. Ganz so, wie ich es während meines Philosophie-Studiums getan habe. Du wirst sehen (und staunen) – deine Technik (und dein visueller Wortschatz) werden sich in Kürze enorm verbessern. – So! Jetzt aber genug Vorgeplänkel – jetzt geht es endgültig ans Zeichnen.

Lerne eine neue Sprache!

Beim Lernen einer neuen Sprache beginnen wir im Regelfall mit dem Alphabet (beim Schreiben eigentlich vorher noch mit Übungen zur Linienführung – dazu aber später mehr). Im Fall der Visualisierung als Kulturtechnik sind das folgende Zeichen:

Wie du sehen kannst, besteht dieses Alphabet nicht nur aus geometrischen Grundformen, sondern auch Buchstaben und Zahlen. Das hat den wunderbaren Effekt, dass wir eine Technik, welche wir bereits sehr gut beherrschen (das Schreiben) mit der Technik des Zeichnens verbinden können. Von Hand geschriebene Buchstaben werden schließlich auch gezeichnet. Das heißt, es handelt sich um Bewegungen, die uns bereits sehr vertraut sind. Wir können sogar aus Buchstaben und Zahlen komplette Symbole zeichnen:

Aus den Buchstaben O, U und W …

… wird eine Figur:

Damit beherrscht du (ohne großartig etwas Neues lernen zu müssen) bereits das visuelle Alphabet.

Im nächsten Schritt sollen diese Zeichen nun zu (visuellen) Vokabeln verbunden werden, wie du es bereits bei der O-U-W-Figur gesehen hast. Hier ein schönes Beispiel aus der Welt der Symbole:

Aus folgenden Grundformen …

… wird ein Luftballon:

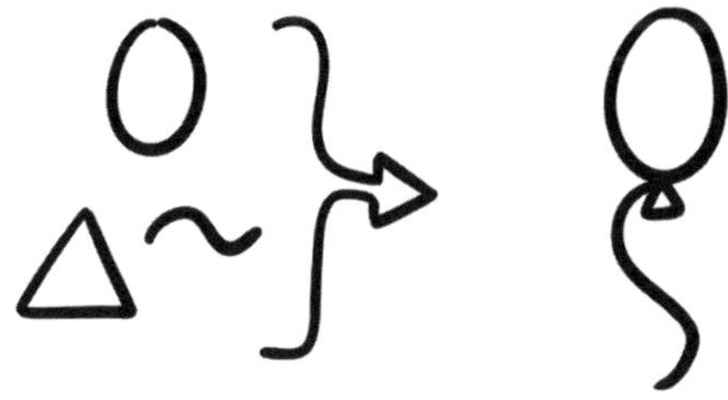

Bei der Reduktion von Gegenständen, Personen etc. zu einfachen Symbolen beginnt sich auch, unsere optische Wahrnehmung von diesen zu verändern. Beispielsweise wirst du zukünftig (wieder) die Grundform eines Tisches (Rechteck) oder einer Lupe (Kreis) bewusst wahrnehmen. Die Kunst, Begriffe symbolisch darzustellen, liegt darin, die wesentlichen (Grund-)Formen des Gegenstandes (Person etc.) erkennen zu können. Wie bereits erwähnt, führt das Ausschmücken mit Details oft zu Verwirrung. Interessanterweise verfügen wir bereits über einen ansehnlichen Bildschatz an reduzierten Symbolen. Mit Teilnehmenden meiner Kurse führe ich gerne folgendes Experiment durch:

Nehmt euch ein Blatt Papier oder auch gerne ein Flipchart und einen Stift. Ich werde euch jetzt fünfzehn Begriffe diktieren – anstatt sie als Worte niederzuschreiben, sollt ihr sie heute aber zeichnen! Für jedes Wort habt ihr außerdem nur zehn Sekunden Zeit. Setzt das um, was ihr bis jetzt gelernt habt:

- Pragmatisch sein – es geht darum, erkennbar zu zeichnen – nicht darum, schön zu zeichnen.
- Denke ans Abstract-O-Meter und konzentriere dich auf die Mitte (möglichst einfach zeichnen – nur Details, wenn hilfreich und notwendig).
- Aus welchen Grundformen besteht der Gegenstand beziehungsweise Begriff? Setze Rechtecke, Dreiecke, Kreise und so weiter wirkungsvoll ein.
- Entspann dich – es ist ein Experiment. Trial and Error sind ausdrücklich gewünscht!

Und schon geht es los: Fünfzehn Begriffe in je zehn Sekunden (behalte die Zeit im Auge):

Sonne	Wolke	Haus
Baum	Auto	Familie
Kirche	Maus	Katze
Stern	Insel	Trinkglas
Messer	Lachen	Bleistift

Der Clou an der Sache ist, dass du für jedes Wort maximal zehn Sekunden Zeit hast. Dadurch kommst du nicht in die Verlegenheit, deine Symbole mit vielen Details auszuschmücken. Mit dem Ergebnis, dass viele ähnliche Symbole zeichnen – obwohl sie keine Zeit hatten, auf das benachbarte Blatt Papier zu schauen. Das heißt, bei einigen gezeichneten Begriffen gibt es bereits eine informelle Übereinkunft, was ihre Darstellung betrifft (man denke nur an die Sonne).

Damit du dich visuell eloquent ausdrücken kannst, ist ein gewisser Grundwortschatz notwendig. Erfreulicherweise braucht es gar nicht so viele Bild-Vokabeln, um bereits die ersten Erfolge in der visuellen Kommunikation feiern zu können. Und Erfolge sind für das Lernen wichtig – nur so bleiben wir motiviert an der Sache dran und werden zusehens kompetenter.

Deiner Kreativität beim Zeichnen sind kaum Grenzen gesetzt – behalte dabei aber immer das übergeordnete Ziel im Auge: Klare Kommunikation – das heißt, möglichst gute Erkennbarkeit des Gezeichneten. Ich habe einmal den Satz gelesen: »Es gibt zwar eine Rechtschreibung, aber keine Rechtzeichnung!«

Um eine Bild-Vokabel gekonnt (und sinnvoll) aufzubauen, gibt es hier ein paar Tipps, welche du beherzigen solltest:

1. Beginne grundsätzlich damit, den größten Teil zu zeichnen, um die Proportionen besser einschätzen zu können.

2. Zeichne Bild-Vokabeln immer in derselben Reihenfolge – so behältst du die Erstellung besser in Erinnerung und kannst sie bei Bedarf schnell abrufen. Ein schöner Spruch aus dem englischen Sprachraum dazu: »Draw it fifty times, then it is yours!«

3. Bei der Kombination von Zeichnungen zeichne immer das, was sich im Vordergrund befindet, zuerst und arbeite dich dann zum Hintergrund vor.

4. Zeichne den Schatten erst zum Schluss ein (auch gerne mit Farbe). Schatten machen die Zeichnung wesentlich lebendiger.

Schatten

Mit einem grauen Stift den Schatten in der Bildvokabel zu ergänzen, macht den Unterschied zwischen »toll« und »Wow!« aus. Aus diesem Grund hier auch gleich ein paar Tipps zum Setzen des Schattens in der Zeichnung.

Stell dir vor, du hast irgendwo am Blatt eine Lichtquelle – bei mir ist die imaginär immer links oben.

Dabei unterscheide ich zwischen drei verschiedenen Einsatzmöglichkeiten des Schatten-Stifts:

1. Der Körperschatten

Beim Zeichnen von Gegenständen, Personen etc. (das heißt, das Gezeichnete hat Volumen) setze ich den Schatten innen liegend:

2. Der Wurfschatten

Bei Dingen mit sehr wenig Volumen (zum Beispiel einem Blatt Papier) oder einem Container, bei Pfeilen und dergleichen, setze ich den Schatten außen liegend. Achte dabei jedenfalls darauf, dass du links und oben ein wenig Platz lässt und nicht unmittelbar anschließt:

3. Reflexion

Und schließlich setze ich den Schattenstift auch noch bei reflektierenden Oberflächen ein – hier in der entgegengesetzten Richtung (also links und oben):

Mir ist bewusst, dass diese Schatten nicht immer der Realität entsprechen. Das ist in dem Fall aber nebensächlich. Viel wichtiger ist, dass sie auf einfache Art ihre Wirkung erzielen und du möglichst wenig Aufwand damit hast!

Schatten bei Buchstaben

Der Vollständigkeit halber hier noch das Setzen von Schatten bei Buchstaben (zum Beispiel bei Überschriften). In dem Fall lasse ich zwischen Linie und Schatten ganz bewusst einen kleinen Abstand, um die Wirkung zu erhöhen (ausführlicher in Kapitel 9 zu sehen):

4 Endlich schöne Geraden, Kreise und Ovale

Solltest du Symbole nachzeichnen, wirst du sehen, dass die Ergebnisse am Anfang von der Vorlage teils stark abweichen. Es kommt eben nicht nur darauf an, was gezeichnet wird, sondern auch wie gezeichnet wird. Deshalb an dieser Stelle noch hilfreiche Tipps zum Thema »Strichführung«:

Kreise/Ovale

Um einen mehr oder weniger runden Kreis beziehungsweise ein Oval zu zeichnen, ist das richtige Tempo entscheidend. Zeichnest du zu langsam (oder beispielsweise zu vorsichtig), hast du zwar die Kontrolle über den Stift, verlierst jedoch die Kontrolle über die Form! Das Ergebnis sieht häufig in etwa so aus:

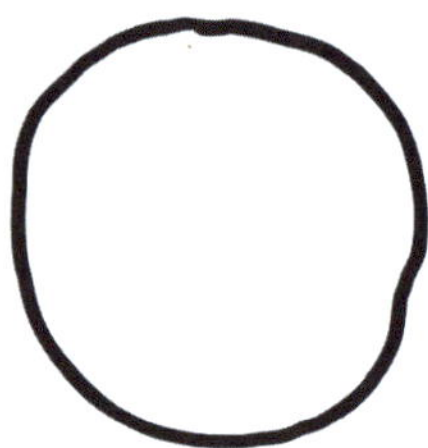

Die Linie ist an manchen Stellen eckig – der Kreis nicht gut erkennbar.

Gehst du die Sache hingegen mit zu viel Tempo an, ist es genau umgekehrt: Du hast dann mehr oder weniger Kontrolle über die Form, verlierst jedoch die Kontrolle über den Stift. Das Ergebnis könnte so aussehen:

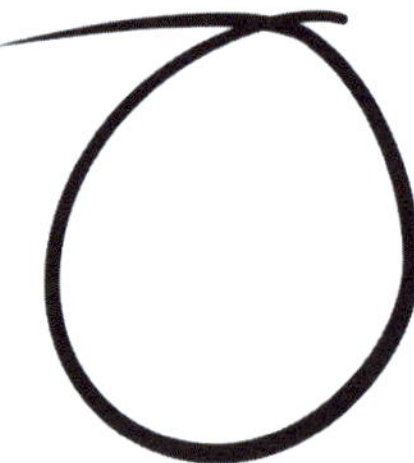

Die Linie weist in diesem Fall einen schönen Schwung auf – durch das Tempo ergibt sich aber kein Kreis.

Was also tun?

Wie so oft im Leben liegt die Lösung in der goldenen Mitte. Das heißt: Finde dein Tempo (weder zu langsam noch zu schnell). Experimentiere damit. Am Erscheinungsbild des Ergebnisses kannst du gut selbst ablesen, ob du zu schnell oder zu langsam bist. Mit der Zeit werden sich deine Kreise und Ovale zusehends verbessern! Und der Kreis ist eine wesentliche Grundform vieler Bildvokabeln (zum Beispiel der Lupe, des Globus, der Sonne, des Kopfes einer Figur und so weiter). Das heißt, wenn du am Erscheinungsbild deiner Kreise arbeitest, trägt das zur Erkennbarkeit und damit zur Verständlichkeit bei!

Schreiben ist doch anders als Zeichnen!

Einfacher und präziser wird das Zeichnen, wenn du das Handgelenk dabei fixierst! – Was hat es damit auf sich? Beim Schreiben (Zeichnen von Buchstaben) bewegen wir grundsätzlich unsere Finger und unser Handgelenk – viel Feinmotorik (je kleiner man schreibt, umso mehr von dieser feinen Motorik ist notwendig). Beim größer Schreiben beziehungsweise auch beim Zeichnen brauchen wir Stabilität. Die wird jedoch durch die Bewegung des Handgelenks oft eingebüßt.

Aber woher soll die Bewegung kommen, wenn das Handgelenk und die Finger fixiert sind? Aus dem Ellbogen und der Schulter! Das ist anfangs sehr ungewohnt und bedarf auch Aufmerksamkeit beziehungsweise da und dort mal Feedback von außen.

Probiere es gleich aus! Zeichne einen Kreis nur mithilfe der Bewegung deines Ellbogens beziehungsweise deines Schultergelenks. Fixiere das Handgelenk so gut wie möglich. Konzentriere dich in der Bewegung ganz auf den Ellbogen und die Schulter. Fange mit kleinen Kreisen an und steigere die Größe. Auch beim Schreiben am Flipchart hilft diese Herangehensweise sehr. Du wirst sehen, dein ganzes Schriftbild wird sich in kurzer Zeit enorm verbessern. Da du es aber gewohnt bist, anders zu schreiben, wird es zu Beginn auch Konzentration und Aufmerksamkeit benötigen, bevor dieser neue Bewegungsablauf ins Muskelgedächtnis übergeht (vimeo.com/visualsforbusiness/richtigzeichnen).

Die gerade Linie

Weitere wichtige Grundformen sind Dreiecke und Vierecke. Sie bestehen aus geraden Linien. Auf den folgenden Seite zeige ich dir, wie du an der Geradlinigkeit dieser Formen arbeiten kannst. Hierbei gibt es eine interessante Tatsache: Die Herangehensweise ist bei Menschen, die mit der rechten Hand zeichnen, anders als bei Menschen, die mit der linken Hand zeichnen.

Beginnen wir wieder mit einem Experiment: Zeichne einen zweidimensionalen Pfeil – ähnlich wie diesen:

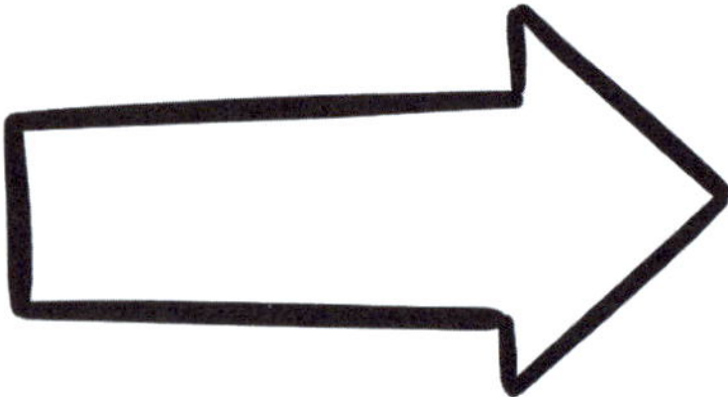

Dieser Pfeil besteht aus einer Kombination aus den Grundformen Viereck und Dreieck. Ich beobachte häufig bei der zeichnenden Person, dass diese die Linie durchgehend zeichnet – ohne abzusetzen:

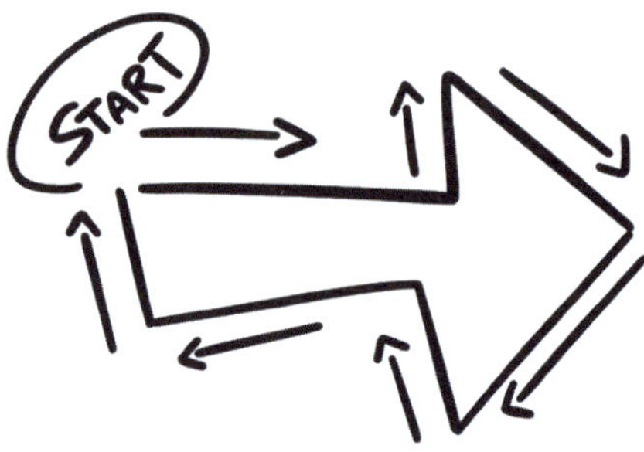

Dabei geschieht Folgendes: Der Stift wird nicht nur »gezogen« sondern auch »geschoben«. Bei einer rechtshändig zeichnenden Person ist das Stiftziehen dann der Fall, wenn sie die Linie von links nach rechts beziehungsweise auch, wenn sie die Linie von oben nach unten führt (es hängt auch davon ab, wie sie den Stift hält):

Bei Personen, die mit der linken Hand zeichnen, ist es umgekehrt – hier wird der Stift gezogen, wenn die Linie von rechts nach links gezeichnet wird.

Beim Von-oben-nach-unten-Zeichnen verhält es sich genauso wie beim Zeichnen mit der rechten Hand.

Warum ist diese Unterscheidung wichtig? Um möglichst gerade, kontrollierte Linien zu zeichnen, ist es besser, den Stift zu ziehen (und eben nicht zu schieben). Außerdem wird die Spitze des Stiftes beim Schieben wesentlich mehr belastet und nutzt sich dadurch auch schneller ab. Diese Erkenntnis führt in Folge zu einer komplett neuen Vorgehensweise beim Zeichnen des Pfeiles! Machst du als rechtshändig zeichnende Person nämlich nur Bewegungen von links nach rechts und von oben nach unten, baut sich der Pfeil folgendermaßen auf:

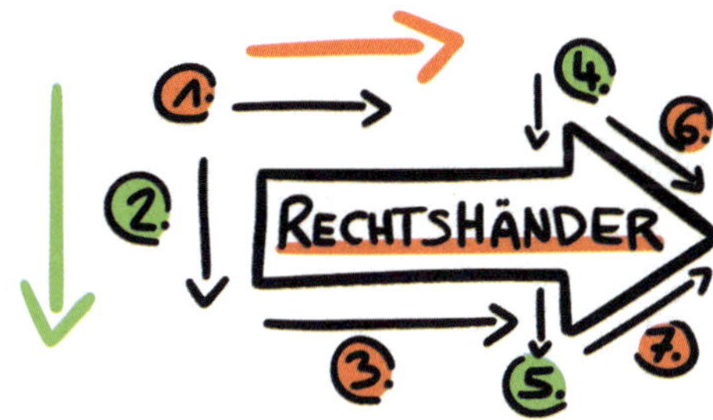

Bei der mit der linken Hand zeichnenden Person sieht der Bildaufbau hingegen so aus (Linien von rechts nach links und ebenfalls von oben nach unten):

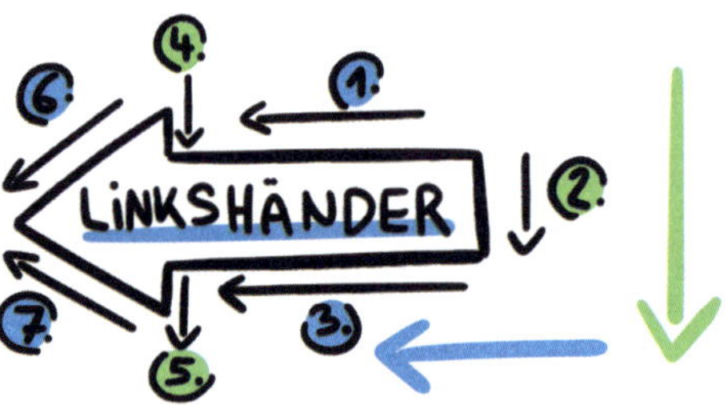

Und dazu auch noch ein spannendes weiteres Experiment. Zeichne als Rechtshänder einen Peil, dessen Spitze nach links weist und als Linkshänder einen Pfeil, dessen Spitze nach rechts weist und reflektiere dabei, wo du begonnen hast. Es gibt mehrere Möglichkeiten. Folgende Reihenfolge beim Pfeil, welcher nach links weist, ist dabei für Rechtshänder besonders ökonomisch (bei Linkshänder sinngemäß andersherum):

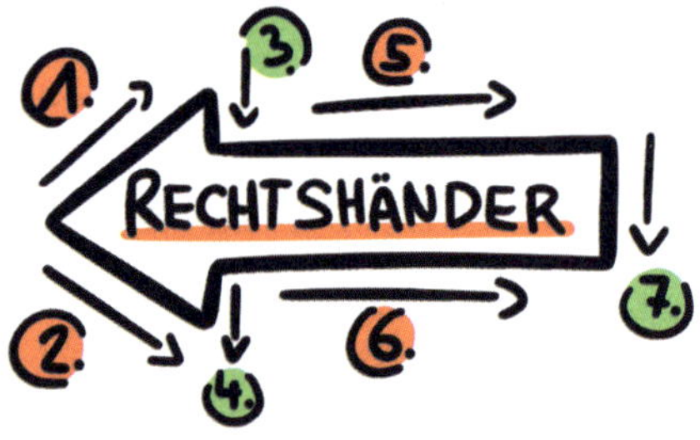

Ein weiterer Tipp: Beim Schließen der Pfeilspitze stehen Anfänger immer wieder vor der Herausforderung, die zweite Linie so zu zeichnen, dass sie perfekt an die erste Linie anschließt. Das gelingt oft nur bedingt – entweder bleibt eine Lücke, die Linien kreuzen sich oder du schießt über das Ziel hinaus. Dabei ist die Lösung so einfach! Es ist wie beim Autofahren – schau immer dorthin, wo du hinwillst! Das heißt, immer wenn du ein Lücke mit einer Linie schließen willst, schaue dorthin, wo die Stiftspitze landen soll und begleite nicht die Bewegung des Stifts mit deinen Augen:

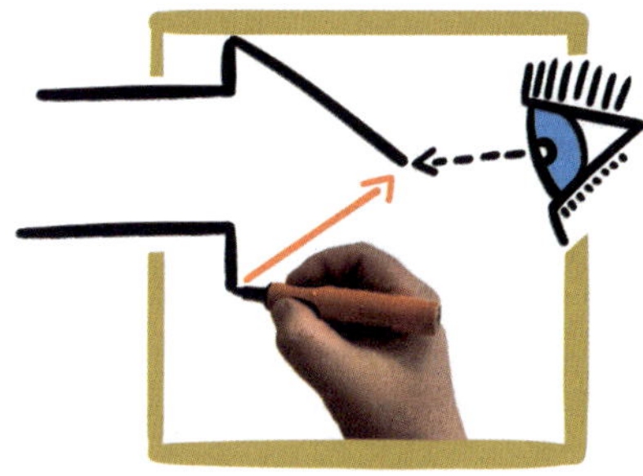

Das hilft übrigens auch, wenn du generell eine Linie zeichnest: Immer dorthin schauen, wohin du willst – das reguliert auch fabelhaft das Tempo der Bewegung. Du kannst in diesem Fall nämlich weder zu langsam noch zu schnell zeichnen.

Bei besonders langen geraden Linien (zum Beispiel bei der Umrahmung eines Flipchartblattes) empfehle ich dir außerdem, nicht nur das Handgelenk zu fixieren, sondern auch teilweise den Ellbogen beziehungsweise das Schultergelenk, um noch mehr Stabilität zu bekommen und in dem Fall aus der Hüfte zu zeichnen und die Knie einzusetzen. Du siehst – großflächiges Zeichnen bedarf den Einsatz des ganzen Körpers!

Und zu guter Letzt noch ein Tipp Flipcharts beziehungsweise Leinwände betreffend.

Richtig vor dem Flipchart stehen

Besonders rechtshändig schreibende Menschen stehen häufig viel zu weit links vor dem Flipchart (Blickrichtung zum Flipchart). Das wäre an und für sich noch kein Problem, würden sie sich in Folge dann während des Schreibens und Zeichnen weiter nach rechts bewegen. Im Regelfall ist es aber so, dass wir an Ort und Stelle stehen bleiben und nur unseren Rücken krumm und die Arme lang machen. Das trägt nicht gerade zur Stabilität bei und bringt uns mitunter in unmögliche Körperpositionen, die gut erkennbare Schrift und Zeichnungen fast unmöglich machen. Bei Blanko-Papier kommt so auch häufig das Phänomen zustande, dass die Schrift in den einzelnen Zeilen einen Bogen nach unten beschreibt. – Was also tun?

Die Lösung ist auch hier denkbar einfach:

- Bewege dich mit dem Geschriebenen beziehungsweise Gezeichneten mit – schau, dass du dir mit dem Oberkörper immer eine möglichst gute Position suchst. (Das heißt, dass du die Arme nicht lang machen musst.)
- Oder stell dich von Beginn an genau in die Mitte des Flipcharts (so mache ich es) und drehe den Oberkörper (über die Hüfte) während des Arbeitens vor dem Flipchart beziehungsweise der Zeichenfläche.
- Und wenn du nach unten gelangst, nimm dir einen Stuhl und setze dich vor das Flipchart. So ist es professionell und du hast eine optimale Arbeitsposition. In der Nähe (beziehungsweise vor) meinen Flipcharts befindet sich immer eine geeignete Sitzfläche (kann auch gerne ein Hocker sein).

Und auch hier gilt: Experimentiere! Erarbeite dir eine gute Position durch Selbstreflexion – es zahlt sich auf Zeit gesehen aus, weil du dann unbewusst automatisch diese Position einnehmen wirst.

5 Was Symbolbibliotheken bringen (und was nicht)

Jetzt steht dem Zeichnen nichts mehr im Weg!

Nach dem Wozu und dem Wie geht es mit gezücktem Stift zum Was. Was braucht man für Zeichnungen (Symbole, Icons und so weiter) im Businessalltag? Hier eine Auswahl an sinnvollen Möglichkeiten und Ideen:

- Gegenstände, Geräte und Material (Dokumente, Tools, Geräte, wie zum Beispiel einen Laptop oder ein Smartphone ...)
- Menschen (Leader, Team, Kunde, Berufe ...)
- Emotionen (erfreut, überrascht, unsicher ...)
- Natur (Weg, Berg, Baum, Meer ...)
- Transport (Lastwagen, Flugzeug, Bahn ...)
- Gebäude (Büro, Fabrik, Geschäftsgebäude ...)
- Kommunikation (Sprech- und Gedankenblasen, Glühbirne ...)
- Pfeile und Boxen (ein-, zwei-, dreidimensional)
- und vieles mehr!

Ich empfehle dir, eine Symbolbibliothek anzulegen. Und zwar im ersten Schritt mit genau jenen Begriffen (ja, ich meine das geschriebene Wort), die für dein Business beziehungsweise deine Themen von Bedeutung sind. Am besten clusterst du sie thematisch, wie zum Beispiel:

- Office
- Digitale Tools
- Ziele
- Prozesse und Diagramme
- Entwicklung
- Konflikte
- Kommunikation
- ...

Diese Bereiche dürfen wachsen und auch gerne Varianten von Symbolen enthalten. Denke dabei an meinen Leitspruch: So einfach wie möglich! Wenn es sich bei Bildvokabeln so verhält wie beim Erlernen einer Fremdsprache, dann würdest du ja auch nicht gleich fünfhundert neue Worte in dein Vokabelheft schreiben, sondern überlegen, was du eigentlich brauchst – was dich fürs Erste gut durch die Welt bringt. So ist es auch in der Welt des Visualisierens. Es gibt immer Begriffe, die ganz zentral für dein Tun und Wirken sind (und manche davon setzt du bereits ein – denk an unser visuelles Diktat). Starte mit Begriffen aus deinem Alltag! Wenn ich in einem Seminar nach solchen Begriffen frage, kommen Antworten wie: Ziele, Qualitätsmanagement, Lernen, Zusammenarbeit, Leadership, Vertrieb und so weiter.

Fällt dir hier etwas auf? Genau! Alle diese Begriffe sind abstrakt! Das ist meist auch der Grund, warum Anfänger gleich wieder aufgeben, weil sie ideenlos sind, wie man diesen oder jenen Begriff zeichnen soll.

Tipp: Übersetze solche Begriffe zuerst in etwas Konkretes und mache dich dann erst ans Zeichnen – trenne diese zwei Schritte ganz bewusst (wie ein Übersetzungsprozess).

Nehmen wir beispielsweise den Begriff »Ziele«. Was fällt uns dazu ein (und denk daran, es darf nur Konkretes genannt werden)? Mir fällt dazu ein: Zielscheibe mit Pfeilen; ein Weg, an dessen Ende sich ein Zieleinlauf befindet, eine Flagge, ein Pfeil, ein Berg mit einem Gipfelkreuz, eine Landkarte mit einem X. Jetzt gilt es auszuwählen: Was davon passt zu meinem Thema beziehungsweise zum Anliegen?

Und auch hier gibt es eine hilfreiche Vorgehensweise beziehungsweise Unterscheidung. Du solltest grundsätzlich zwischen folgenden Darstellungsmöglichkeiten unterscheiden:

- Realen Begebenheiten oder Alltagsszenen,
- Metaphern und
- schematischer Darstellung.

ZIELE
ZIEL

Nehmen wir für unser Beispiel Folgendes an: Das Wort »Ziele« wird von einer Vertriebsleiterin genannt. Sie denkt dabei an die monatlichen Zahlen-Ziele, die jeder einzelne ihrer Kollegen zu erfüllen hat. Betrachten wir infolge, wie das in den drei Darstellungsmöglichkeiten aussehen kann.

1. Die Darstellung der realen Situation

Die Vertriebsleiterin denkt hier an einen Meetingraum, in welchem zehn Kollegen versammelt sind. Sie steht vorne und präsentiert über den geteilten Bildschirm ihres Notebooks die Zielerreichungsquote des Monats.

Zu zeichnen wäre in diesem Fall:

- Ein Meetingraum (Tische, Sessel),
- elf Menschen (inklusive der Vertriebsleiterin),
- Geräte (Notebook, Beamer),
- Geteilter Bildschirm (Statistik),
- optional mit Emotionen (zum Beispiel: die Vertriebsleiterin freut sich über das Ergebnis).

2. Darstellung einer Metapher

Die Vertriebsleiterin denkt an eine gemeinsame Reise. Sie und ihr Team müssen einen Berg erklimmen (der steht als Metapher für das Jahresziel).

Zu zeichnen wäre in diesem Fall:

- Ein Berg mit einem Anstieg,
- eine Flagge auf dem Gipfel,
- Beschriftung (zum Beispiel steht auf der Flagge »2024«).
- Optional: horizontale Linien, welche die einzelnen Monate repräsentieren.
- Optional: schematisch ein Team, das sich an einer bestimmten Stelle des Bergs befindet.

ZIELE!
2024
11
10
9
8
7

3. Schematische Darstellung

Die Vertriebsleiterin denkt an einen Zeitstrahl mit Abschnitten und einer Jahreszahl am Ende des Strahls.

Zu zeichnen wäre in diesem Fall:

- Ein Pfeil (zum Beispiel zweidimensional),
- vertikale Linien, die für die einzelnen Monate stehen,
- ganz rechts eine Wolke, in welcher »2024« steht.
- Optional: farbliche Gestaltung mit grün und rot (um positive beziehungsweise negative Entwicklungen darzustellen).

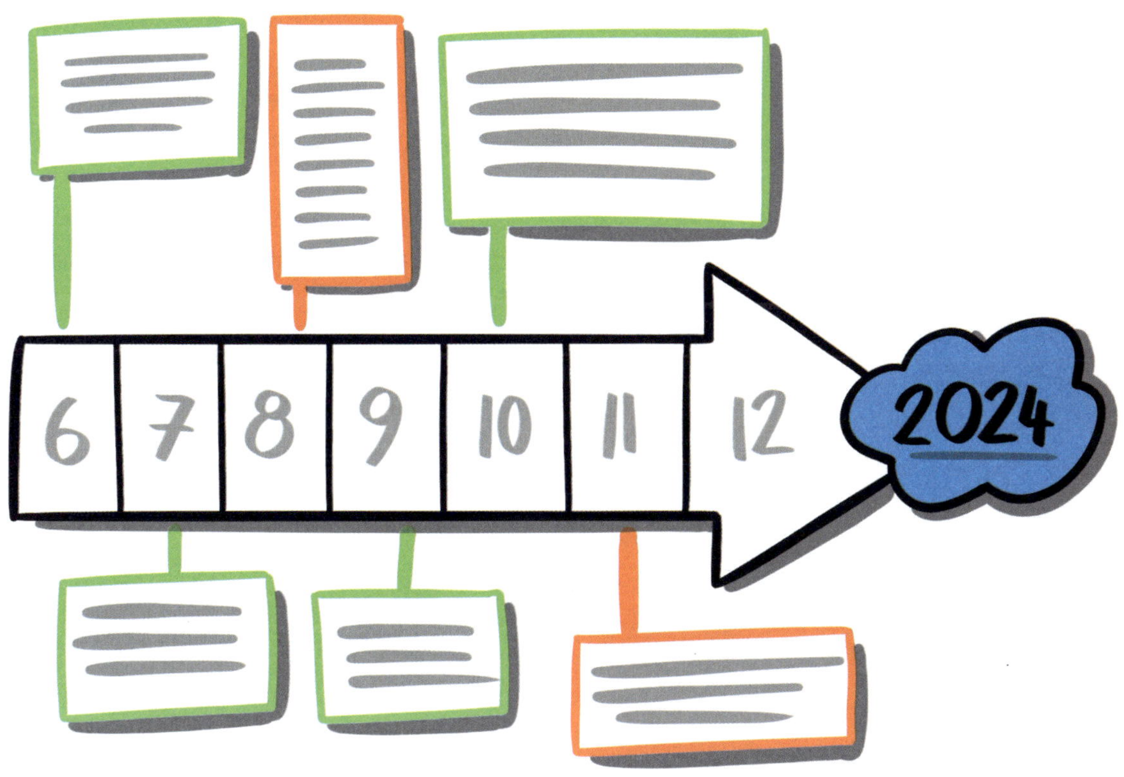
6
7
8
9
10
11
12
2024

An diesem Beispiel erlebst du bereits sehr anschaulich, wie einerseits der kreative Prozess vonstatten geht und andererseits auch, wie aufwendig die Zeichnungen werden. Die Darstellung der realen Situation verlangt in den meisten Fällen, Menschen zu zeichnen (was insgesamt schon etwas Übung braucht) und diese dann auch noch in einer bestimmten Situation (mit unterschiedlicher Körperhaltung etc).

Für die schematische Darstellung reichen einfache Symbole, Formen und Schrift. Für welche Form der Darstellung du dich entscheidest, wird zu einem guten Teil auch davon abhängen, bei welcher Gelegenheit du die Visualisierung einsetzt. Für die reale Darstellungsweise wird häufig auch gerne auf Fotos zurückgegriffen (die als Symbolbilder eingesetzt werden).

Einfache Symbole als Merkanker

Ich habe circa zwanzig Symbole, die mehr oder weniger universal einsetzbar sind und von mir bei vielen Gelegenheit schnell gezeichnet werden.

Sie sind sozusagen meine Geheimwaffe, wenn ich schnell Aufmerksamkeit erzeugen und Merkanker schaffen möchte.

Dabei meine ich Symbole, wie diese:

Die Glühbirne
#Idee
#Kreativität
#Innovation
#Tipp

Das Puzzleteil
#System
#Teil
#zusammen
#passt

Das Team
#Zusammenarbeit
#Arbeitskraft

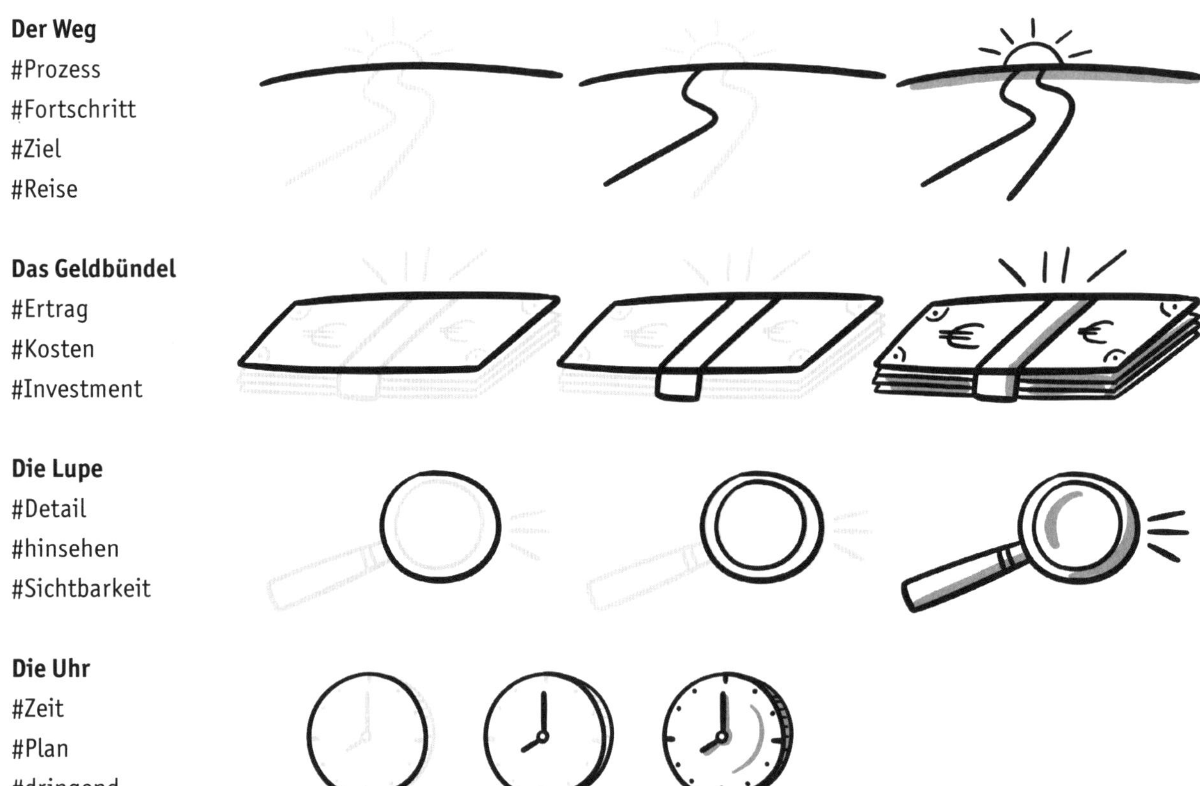

Der Weg
#Prozess
#Fortschritt
#Ziel
#Reise

Das Geldbündel
#Ertrag
#Kosten
#Investment

Die Lupe
#Detail
#hinsehen
#Sichtbarkeit

Die Uhr
#Zeit
#Plan
#dringend

Der Globus
#Global
#Kultur
#Reise
#Standort

Das Notebook
#IT
#digital
#arbeiten
#Website

Das Smartphone
#mobil
#Verbindung
#Anruf
#Message

Symbol-Ideen generieren

Häufig ist es so, dass wir einen Begriff im Kopf haben, jedoch keine Idee, wie die Visualisierung dazu genau aussehen soll. In Zeiten des World Wide Webs stellt dieser Zustand aber schon lange keinen Hinderungsgrund mehr dar. Fällt mir einmal ad hoc kein Symbol zu einem Begriff ein, dann wird gegoogelt oder gezielt auf einschlägigen Webseiten mit Icon-Datenbanken nach Darstellungsmöglichkeiten gesucht. So sieht Visualisierung als Kulturtechnik im einundzwanzigsten Jahrhundert aus (und die Technik der Künstlichen Intelligenz wird das noch weiter vorantreiben).

Hier eine Sammlung an spannenden Websites mit Icons und dergleichen:

- flaticon.com
- icons8.de
- pixabay.com
- freepik.com
- thenounproject.com

Die Symbole werden in dem Fall dann nicht eins zu eins abgezeichnet, sondern von mir in Grundformen zerlegt, die einfach reproduzierbar sind. Beim Googeln eines Begriffs gebe ich noch zusätzlich das Word »Clipart« oder »Zeichnung« ein, damit nur mehr sehr einfache Bildergebnisse angezeigt werden. Hier ein Beispiel:

Es soll der Begriff »Finanzpolster« (im Sinne eines Notgroschens) gezeichnet werden. Dazu will ich gerne ein Kissen zeichnen – doch mehr als ein Rechteck fällt mir dazu nicht ein! Daher öffne ich die Suchmaschine und geben folgende Begriffe ein: Kissen Clipart. Mir werden verschiedene Bildergebnisse angezeigt, wie zum Beispiel Folgendes:

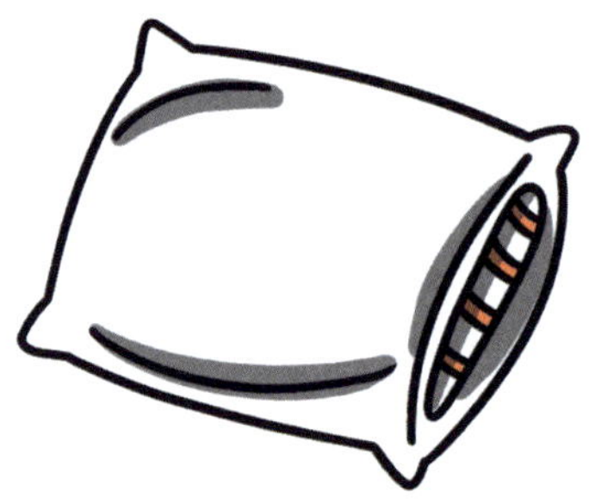

Ich übersetze dieses Bild in eine Zeichnung mit einfachen Grundformen. Die Ecken werden dabei zur Ziffer »3« und miteinander verbunden. Das Innenleben wird mit einem Oval angedeutet. Das Zwischenergebnis sieht dann so aus:

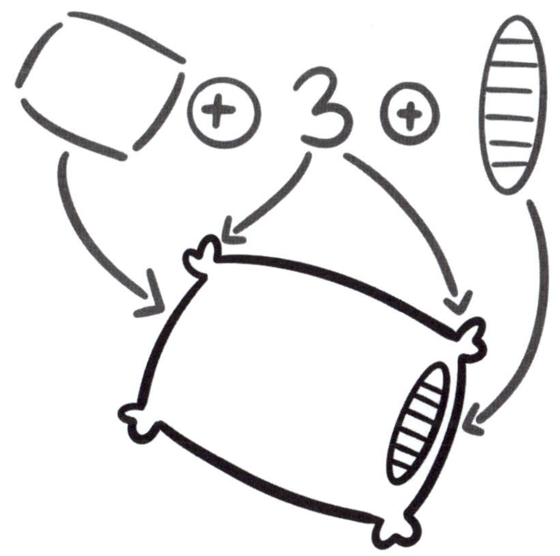

Fehlt jetzt noch der Finanzcharakter des Kissens. Ich entscheide mich dafür, dem Kissen Leben einzuhauchen und ergänze Folgendes:

Vielleicht denkst du dir jetzt: »Das wäre mir im Leben nicht eingefallen!« – Möglicherweise nicht, aber dafür hättest du eine andere Idee gehabt! Denke daran: Es gibt zwar eine Rechtschreibung, aber keine Rechtzeichnung! Alles ist gut und richtig. Solange du es damit assoziierst. Außerdem soll das Bild ja das Wort unterstützen – den Inhalt sozusagen merkwürdig machen. Das heißt, auch das Wort »Finanzpolster« wird sich bei der Zeichnung wiederfinden. Und schon hast du einen würdigen Erinnerungsanker gesetzt.

Das lässt sich auch aus neurodidaktischer Sicht begründen. Wissenschaftler sprechen vom sogenannten Picture Superiority Effect.

Es handelt sich dabei um ein psychologisches Phänomen mit folgendem Ergebnis: Wird Information bloß verbal präsentiert, liegt die Wahrscheinlichkeit, dass sich ein Mensch daran erinnert, bei ungefähr zehn Prozent (nach zweiundsiebzig Stunden). Wird hingegen noch zusätzlich ein Bild gezeigt (beziehungsweise Text und Bild), erhöht sich die Wahrscheinlichkeit der Erinnerung auf unglaubliche fünfundsechzig Prozent!

Damit stellt sich für mich schon gar nicht mehr die Frage, ob mit Bildern gearbeitet werden soll, sondern lediglich, welche Informationen mit Bildern geankert werden sollen! Eine wesentliche Frage, um wirkungsvoll in Erinnerung zu bleiben.

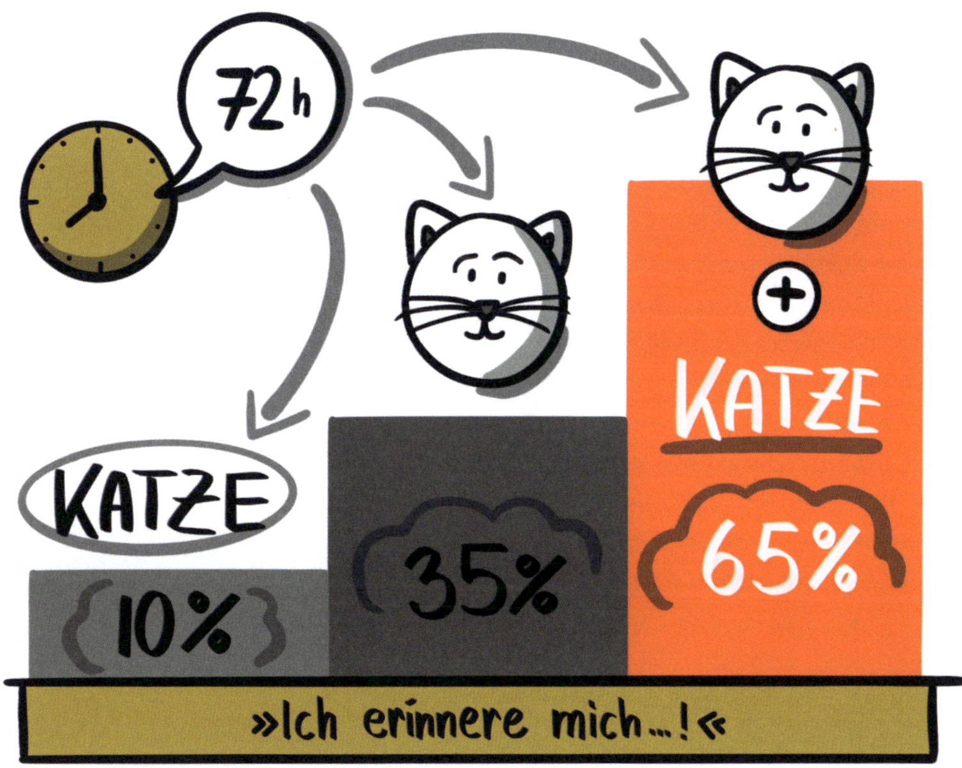
72h
KATZE
10%
35%
KATZE
65%
»Ich erinnere mich…!«

6 Abstract-O-Meter ist ab sofort dein Zauberwort!

Du erinnerst dich? – In Kapitel 2 habe ich dir das Abstract-O-Meter von Christoph Niemann vorgestellt.

Wir haben daraus abgeleitet, dass Zeichnungen schnell zu zeichnen und einfach in der Darstellung sein sollen. Die einfache Darstellung kommt unserem Gehirn sehr entgegen! Als Meister der Effizienz will es nämlich nicht viele Details auswerten müssen, sondern gleich das Wesentliche auf den ersten Blick erkennen können. Wie zum Beispiel die folgende Zeichnung sehr anschaulich zeigt:

Was erkennst du in diesen simplen Grundformen? Mit hoher Wahrscheinlichkeit ein Haus! Würdest du jetzt noch beginnen, einen Carport zu ergänzen, Bäume, einen Zaun, möglicherweise noch Figuren im Vordergrund, dann geht die Bildvokabel »Haus« mehr und mehr verloren und der Betrachter fragt sich zu Recht, was du ihm hier kommunizieren willst. Mache es deinem Gegenüber daher so einfach wie möglich!

Um dieses Prinzip zu verinnerlichen, ist es hilfreich, die Haupt-Grundform(en) einer Zeichnung erkennen zu können. Im Falle des Hauses sind das beispielsweise das Dreieck und das Viereck:

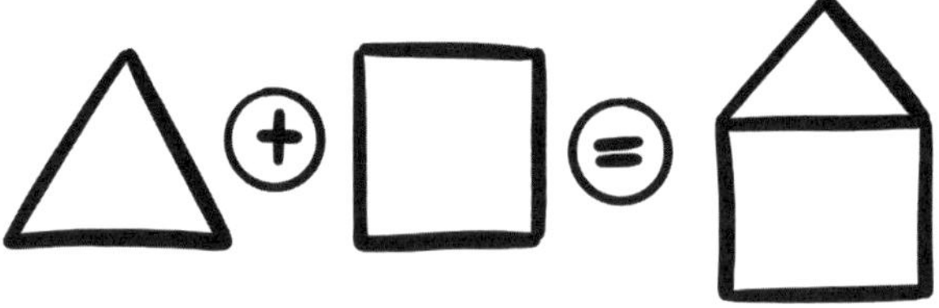

Schauen wir uns das genauer an: Welche Begriffe haben einen Kreis beziehungsweise ein Oval als Grundform? Hier einige Beispiele (ergänze sie gerne um weitere, die dir noch in den Sinn kommen): Sonne, Lupe,

Globus, Bombe, Luftballon, Kopf, Ball, Brille, Münze, Uhr, ...

Und dann gibt es solche, die den Kreis beziehungsweise das Oval als Grundform noch ergänzen, wie zum Beispiel diese Begriffe: Fernrohr, Orange (aufgeschnitten), Papierkorb, Fangnetz, Kaffeetasse, Topf, Heißluftballon, Auto, ...

Damit wird das Prinzip klar! Zeichnen ist eine Schule des Sehens! Erkenne, welche Grundformen sich hinter dem Erscheinungsbild eines Gegenstands verbergen. Damit wirst du mit ganz neuem Sehen durch die Welt gehen.

Um das zu Üben, zeichne folgende Begriffe aus dem Gedächtnis: Tisch, Flipchart, Briefkuvert, offene Tür, Pyramide, Rakete, Katze.

Wenn sich Begriffe aus verschiedenen Grundformen zusammensetzen, stellt sich natürlich die Frage, womit du beginnen sollst. Damit du Bildvokabeln möglichst ohne nachzudenken zeichnen kannst, ist es außerdem wichtig, dass du diese Reihenfolge möglichst immer beibehältst. Nur dann geht der Zeichenvorgang ins Muskelgedächtnis (ein Phänomen, bei dem sich Muskeln an frühere Leistungen »erinnern« können) über und es entsteht so etwas wie ein Zeichen-Flow. Klar, wenn du fünfzigmal die selben Bewegungen in derselben Reihenfolge ausführst, musst du beim einundfünfzigsten Mal nicht mehr besonders intensiv darüber nachdenken, wie das

Symbol zu zeichnen ist. Im Idealfall brauchst du beim Zeichnen gar nicht mehr nachzudenken. Würdest du eine neue Sprache lernen, würden wir in dem Fall davon sprechen, dass die Vokabel in den Wortschatz übergegangen ist. Genau das, was wir beim Zeichnen auch wollen: Ohne nachzudenken kompetent sein! Das heißt, nicht mehr aktiv nachdenken müssen.

Welche Reihenfolge du wählst, bleibt ganz dir überlassen – wichtig ist nur, dass du sie möglichst beibehältst. Schauen wir uns die vorher erwähnten Begriffe genauer an – ich zeichne sie für dich in meiner Reihenfolge:

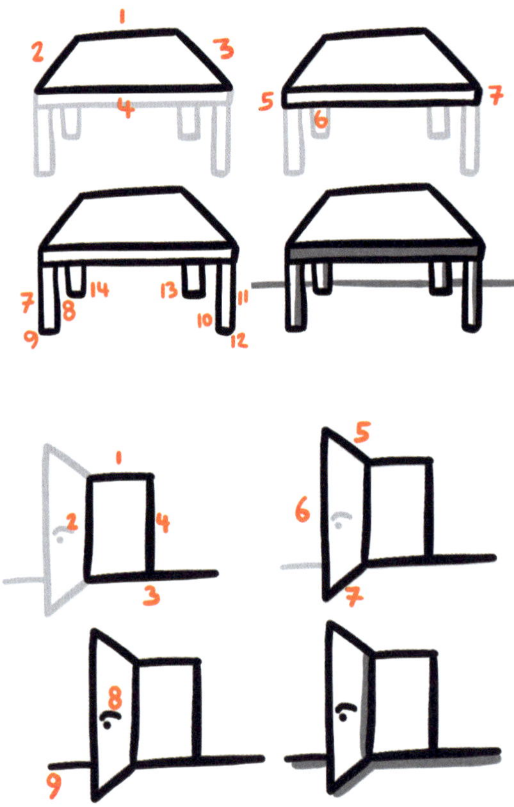

1
2
3
4
5
6
7
8
9
10
11
12
1
2
3
4
5
6
7
8

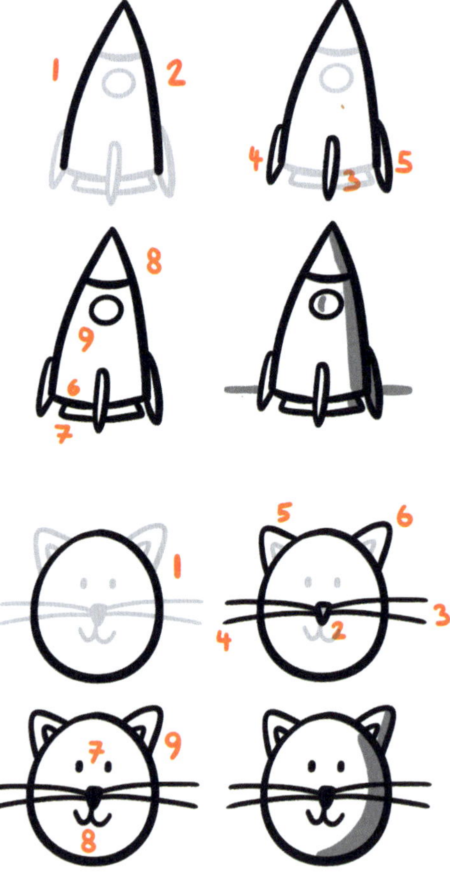

Na? Wenn du sie mit deiner Reihenfolge vergleichst, gibt es Gemeinsamkeiten? Unterschiede?

Tatsächlich ist es so, dass wir uns in den meisten Fällen unbewusst für eine bestimmte Reihenfolge entscheiden – das heißt, es gibt gute Gründe, warum du mit dieser oder jener Grundform beginnst und dann fortsetzt. Hier ein paar gute Gründe, welche ich gefunden haben:

- Beginne mit dem größten Teil – dann ist es einfach, proportional den Rest hinzuzuzeichnen.
- Beginne mit Teilen, die sich vor anderen befinden – dann ist es leichter, den Rest nahtlos anzuschließen und Überlappungen zu vermeiden.
- Wenn es eine Art Fundament gibt (zum Beispiel Wasser – ein Boot auf dem Meer), dann beginne damit und setze den zu zeichnenden Gegenstand etc. auf dieses Fundament.
- Zeichne aneinander grenzende Teile möglichst hintereinander – so vermeidest du Verbindungslinien, welche sich wieder treffen müssen (wenn es sich

nicht vermeiden lässt, dann schaue immer dorthin, wohin du mit dem Stift willst – nicht an die Stelle, an der du gerade zeichnest).

Hier gleich ein paar spannende Zeichnungen, an denen du diese Tipps ausprobieren kannst:

Das Nachzeichnen von Bildvokabeln beziehungsweise das Zerlegen von Piktogrammen, Icons und so weiter sollte damit bereits ganz gut funktionieren.

Wie ist das jedoch, wenn du ein Foto vor dir hast oder live etwas betrachtest? Wie übersetzt du das in eine einfache Zeichnung?

Lass uns da gleich ein Experiment anstellen! Hier ein Foto, das in eine Zeichnung übersetzt werden soll:

Und hier meine dazugehörige Übersetzung:

Das fertige Bild ohne Hintergrund:

Und so könnte diese Zeichnung im Business aussehen:

Übrigens – solltest du dich auch für das digitale Zeichnen zum Beispiel auf einem Grafik-Tablet, iPad etc. interessieren, funktioniert das Übersetzten von Fotos in Zeichnungen ganz einfach: Du legst dir das Foto in den Hintergrund auf eine eigene Ebene, erstellst dann eine zweite Ebene und zeichnest dann darauf die wesentlichen Grundformen des Bildes nach! Zum Schluss das Foto noch löschen und schon hast du eine Skizze des Fotos erstellt. Das Erkennen des Wesentlichen bleibt dir damit natürlich nicht erspart. Lass es mich so sagen: Wer auf Papier übt und zeichnen lernt, ist beim digitalen Zeichnen wesentlich im Vorteil!

7 Visuelle Strukturen: Geheimcodes fürs Überzeugen

Lass uns kurz ein Resümee ziehen: Nachdem du das Alphabet (die Grundformen) der visuellen (Zeichen-)Sprache kennengelernt hast und auch gelernt hast, wie daraus Bildvokabeln werden, fehlt nur mehr die Verbindung zwischen den Vokabeln – dann kannst du diese neue Sprache eloquent einsetzen!

Mit Verbindung ist die Verlinkung einzelner Bildvokabeln untereinander gemeint – wenn du so willst: die visuelle Grammatik! Ich spreche in diesem Zusammenhang auch von Visuellen Frameworks – Rezepten, an denen du dich orientieren kannst, um mit dem Gezeichneten und Geschriebenen Klarheit in die Kommunikation zu bringen. Beispiel gefällig? Diese beiden Bildvokabeln für sich, sagen noch nicht soviel aus ...

Werden sie allerdings miteinander kombiniert ...

Es gibt Bildvokablen, welche sich hervorragend zum Kombinieren eignen, da sie gleichzeitig als sogenannter Container dienen. Das heißt, es ergibt sich eine Fläche innerhalb der Bildvokabel, in welche eine weitere Bildvokabel gezeichnet werden kann. Hier ein paar Beispiele:

Und dazu gleich die Kombination mit beliebigen Symbolen (erstelle gerne weitere Kombinationen): Lkw mit Glühbirne (Ideen transportieren)

Laptop mit Zahnrädern (Daten verarbeiten)

Ballon mit Totenkopf (Ärger verfliegen lassen)

Sprechblase mit Stern (etwas ausgezeichnet finden)

Dokument mit Daumen hoch (Bewerbungszusage)

Flipchart mit offener Tür (lädt zur Mitarbeit ein)

Pfeil mit Rufzeichen (hier bist du richtig)

Flagge mit Haken (du bist angekommen)

Schild mit Pfeil (da geht es lang)

Tür mit Bombe (ein schwieriges Meeting steht bevor)

Zu den ganz besonderen Verbindern im Reich der Visualisierung zählt das Puzzleteil. Kaum etwas ist einfacher, als in einer bestehenden Zeichnung Puzzle-Elemente zu ergänzen. So werden aus einer Idee (Symbol Glühbirne) drei Teile aus denen diese Idee besteht:

Und das klappt mit ganz vielen Zeichnungen:

Bei Bedarf können diese Teile sogar weiter unterteilt werden. Ganz so, wie es der Prozess gerade braucht. Damit bist du während eines Meetings flexibel, was die Wortmeldungen und Ideen einzelner Personen anbelangt. Auf diese Weise sind bereits wahre Meisterwerke an komplexen Zeichnungen entstanden!

Ganz grundsätzlich können Informationen drei Bereichen zugeordnet werden:

- Prozess
- System
- Vergleich

Der Prozess

Informationen, welche sich in Form von Prozessen organisieren, haben in irgendeiner Weise einen Ablauf. Hier gezeichnete Beispiele dazu:

Ein wesentliches Element ist dabei in den meisten Fällen der Pfeil. Prozesse und Pfeile lieben sich – dieses Paar solltest du nicht trennen. Zu den Pfeilen gibt es noch wesentlich mehr zu sagen – davor jedoch die zwei anderen Punkte.

Das System

Bei Inhalten, welche System haben, steht die Beziehung der einzelnen Teile im Vordergrund (nicht der Ablauf), zum Beispiel:

Das verbindende Element ist dabei eine Linie oder das Puzzleteil. Denke daran, dass du über die Erscheinungsform der Linie die Qualität der Verbindung darstellen kannst. Fettere Linien werden als intensivere Verbindungen gewertet als dünne Linien. Du könntest jedoch auch gedachte Verbindungen visuell darstellen, indem du beispielsweise die Linie gestrichelt darstellst:

Der Vergleich

Zu guter Letzt noch Informationen, welche sich in Form von Vergleichen darstellen lassen. Charakteristisch für den Vergleich ist, dass einerseits Gemeinsamkeiten herausgearbeitet werden, andererseits aber auch die Unterschiede.

Hier die dazu passenden Beispiele:

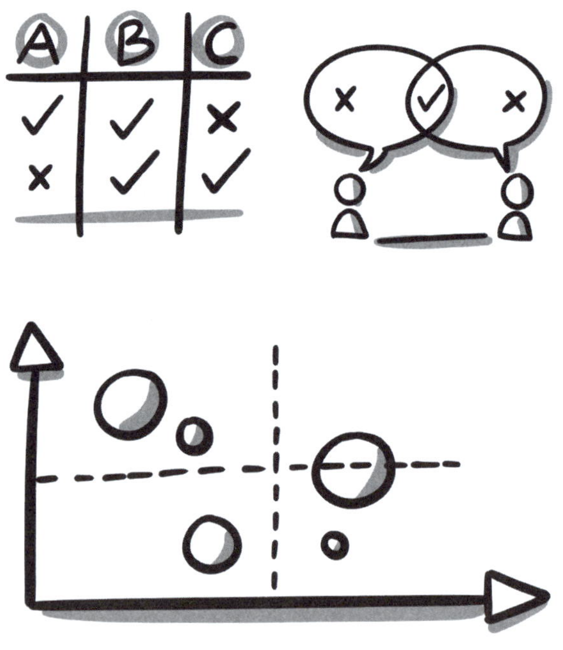

Elemente, welche sich für diese Form der Darstellung eignen, sind zum Beispiel Doppelpfeile, Schnittmengendarstellungen, Matrizen und vieles mehr:

Visuelle Strukturen wirken!

Visuelle Strukturen überzeugen unbewusst. Wenn ein Zeitstrahl in Form eines Pfeils dargestellt wird, muss sich der Betrachter nicht erst bewusst machen, wie dieser zu lesen ist. Es ist klar! Daten auf der linken Seite werden gedanklich im Zeitverlauf früher zugeordnet als Daten, die sich weiter rechts befinden. Auch wenn uns das längst normal erscheint, ist es doch bemerkenswert, was die Wirkung betrifft. Du schreibst beispielsweise eine Information ins Zentrum eines Blattes und ordnest den Rest um dieses Zentrum an – schon wird die Information in der Mitte höher eingestuft als der Rest rundherum. Und genau nach diesem Prinzip arbeiten visuelle Strukturen: Sie begleiten das Denken des Betrachters auf unscheinbare Weise und tragen doch wesentlich zum Verständnis bei.

Wir erkennen sofort, wie Objekte zueinander in Beziehung stehen – und ob ein Objekt aus der Reihe tanzt. Folgende Beispiele zeigen das eindrucksvoll:

Objekte und Form

Objekte und Größe

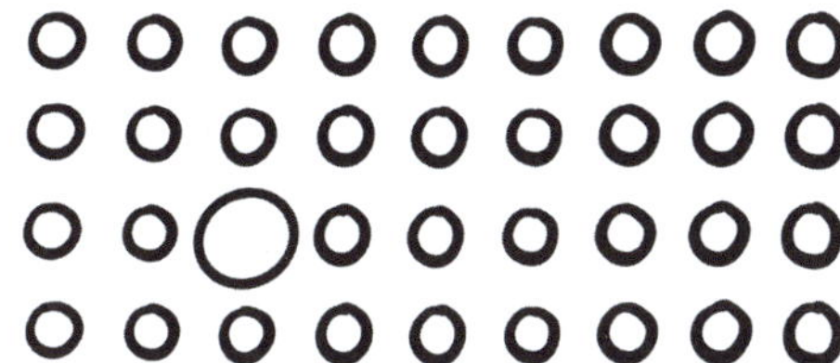

Objekte und Farbe

Objekte und Orientierung

Da wäre es doch eine verpasste Chance, wenn man beispielsweise ein Chart einfach nur in Balken darstellt, wenn man daraus doch auch gleich eine Zeichnung erstellen könnte, welche zum Inhalt passt:

Der Pfeil

Allein auf welch vielfältige Art Pfeile einsetzbar sind, ist bemerkenswert. Einerseits kannst du über die Darstellungs des Pfeiles die Qualität der Verbindung ausdrücken (dick oder dünn, Farbe und so weiter) und andererseits die Rolle des Pfeiles in den Vorder- oder Hintergrund rücken. Dazu spielst du am besten mit den Dimensionen – und zwar so:

Eindimensionale Pfeile

Zweidimensionale Pfeile

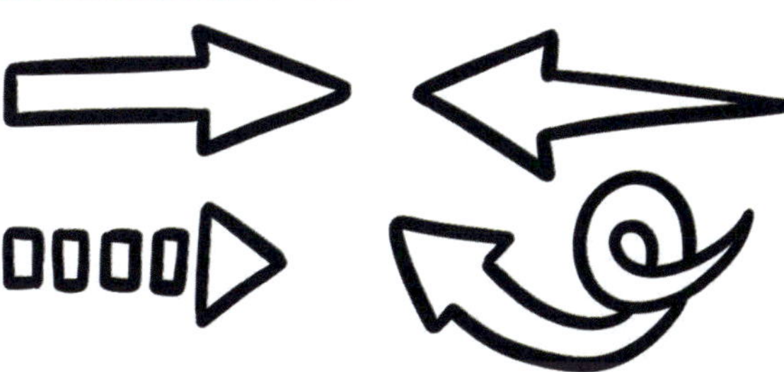

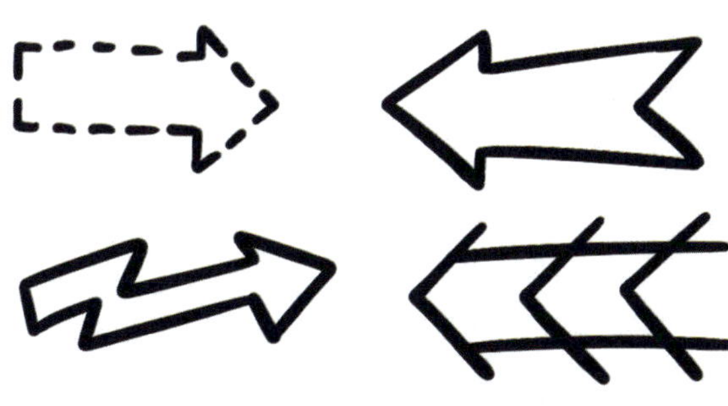

Dreidimensionale Pfeile

Hier passt auch noch wunderbar das Dreieck in Form einer Pyramide dazu:

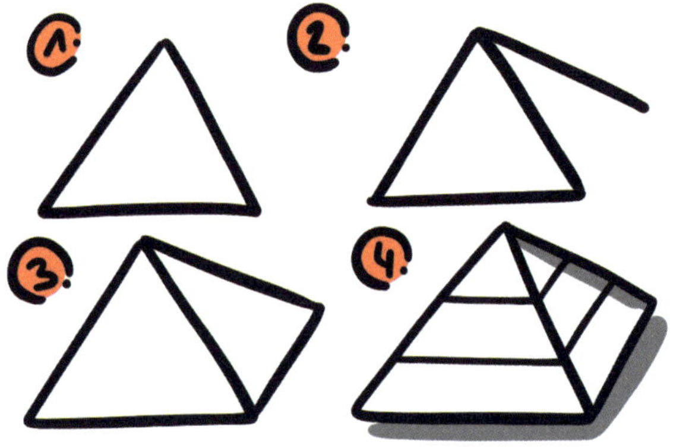

Und das ist erst der Anfang. Überlege, was du alles (unausgesprochen) kommunizieren kannst, wenn du natürliche Strukturen, wie zum Beispiel einen Baum, ein Gebäude und so weiter ins Spiel bringst.

Metaphern als natürliche Strukturen

Zu den mitunter am häufigsten eingesetzten natürlichen Strukturen zählt jedenfalls der Baum. Bäume lassen sich vor allem bei Systemen gut einsetzen, aber auch bei Prozessen und Vergleichen. Seine Elemente dienen dabei als fabelhafte (hierarchische) Informationsknoten (Wurzeln, Stamm, Zweige, Blätter, Früchte und so weiter). Hier ein Beispiel aus der Praxis:

Sieht man den Baum hingegen im zeitlichen Verlauf (vom Samen bis zum ausgewachsenen Baum), so lässt sich dieser auch gut bei Prozessen einsetzen:

Du kannst den Baum auch im jahreszeitlichen Verlauf betrachten und so ebenfalls als prozessuale Darstellungsform wählen oder auch als Vergleich:

Ein Vergleich könnte jedoch auch simpel der zu anderen Bäumen sein oder deren Früchte:

Aus Erfahrung kann ich dir sagen: Es macht richtig gehend Spaß, sich Metaphern für verschiedene Business-Themen zu überlegen! Häufig wird in Teams herzlich gelacht, wenn die Metapher äußerst zutreffend oder auch absurd erscheint.

Beispielsweise beim Thema Betriebsklima:

Zur Inspiration hier noch weitere natürliche Strukturen, welche hervorragend verständlich Informationen transportieren können:

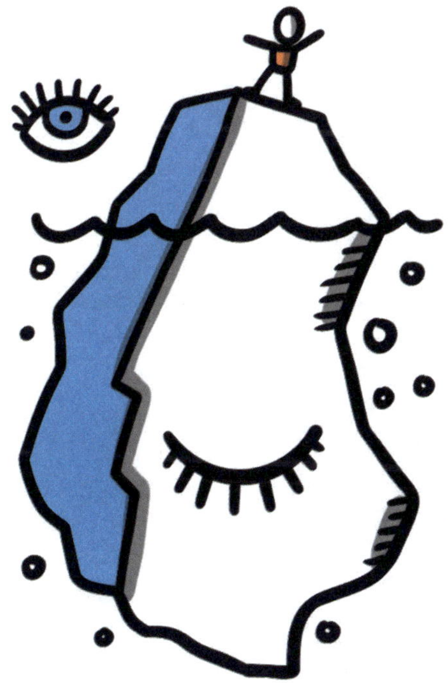

1
2
3

8 Zeichnen als Dialog: Dein Auto überzeugt immer mehr als ein schönes Auto

Habe ich eigentlich bereits erwähnt, dass ich gar nicht zeichnen kann? Das war mir zum Glück nie bewusst!

Der Philosoph in mir liebt es, zu experimentieren – und so war es auch mit dem Zeichnen. Ob das Ergebnis ansprechend war oder nicht, war mir anfangs total egal. Mein Fokus lag allein auf dem Nutzen der Visualisierung. »Wie hilft es mir beim Nachdenken – beim Verstehen?« – Das waren die Fragen, die mich beschäftigt haben. Daher kam durchaus auch ein Teil der Motivation, eindeutiger zeichnen zu wollen (und zu können). Natürlich verbessert sich das Ergebnis enorm dadurch, wenn du übst – aber dazu hatte ich einfach nicht die Zeit (und zugegeben auch nicht die Freude). Ich wusste, wenn ich das Zeichnen als Kulturtechnik nur möglichst häufig einsetzte, ist das ja so, als ob ich üben würde – nur eben im realen Businessleben! Und ich stellte ebenfalls sehr schnell fest, dass die Eindeutigkeit meiner Zeichnungen in einem Verhältnis zum Detailgrad stand. Das soll heißen: In den meisten Fällen erkannten Menschen wesentlich besser, was ich gezeichnet hatte, wenn ich die Zeichnung auf das Wesentliche reduzierte (siehe Kapitel 2 und 6) und nicht um viele Details ergänzte.

Im Allgemeinen funktionierte das auch recht gut – mit einer Ausnahme: Menschen zeichnen! Da fehlte mir schlichtweg der Ansatz, wie eine Reduktion sinnvoll aussehen soll. Mittlerweile habe ich einige einfache, nützliche Visualisierungen von Personen und Emotionen kennengelernt und will sie an dieser Stelle auch gerne mit euch teilen.

Der menschliche Körper

Das Gute ist: In den meisten Fällen ist es völlig ausreichend, den Körper auf die einfachste Form zu reduzieren und zu zeichnen – weil die Figur häufig nur als Platzhalter dient und die Körpersprache neutral sein soll. In dem Fall bietet sich beispielsweise die sogenannte O-U-Figur als Lösung an:

Achte dabei darauf, dass das U nicht in das O hineingezeichnet wird. Es darf gerne ein Abstand dazwischen sein (symbolisch für den Hals) oder die Linien berühren sich – jedoch sollen sie sich nicht kreuzen:

Achte dabei darauf, dass die Arme nicht zu tief am Körper angesetzt werden, sondern gut mit den fiktiven Schultern abschließen:

Solltest du einmal in die Verlegenheit kommen, Arme beziehungsweise Hände dazu zeichnen zu müssen, dann findest du hier ein paar sinnvolle Lösungen:

Ein großer Vorteil der O-U-Figur ist, dass sie sehr rasch in großer Anzahl gezeichnet werden kann:

Im Business-Kontext kannst du so beispielsweise unterscheiden zwischen Einzelpersonen, einer Gruppe und einem Team:

Die Körper der Figuren bieten außerdem hervorragende Container, in die du Buchstaben oder ganze Worte schreiben kannst, wie zum Beispiel ein »K« für Kunde:

Kleine Accessoires wie beispielsweise eine Brille, eine Kopfbedeckung, ein Kleidungsstück etc. geben der Figur Individualität (falls notwendig):

Ein individuelles Erscheinungsbild kann natürlich auch durch Farben erreicht werden. Übrigens – anstatt des »U« können beliebige andere Formen angewandt werden. Zum Beispiel so:

Wenn der Körper sprechen soll

Rückt die Körpersprache der gezeichneten Figur in den Vordergrund, kommst du nicht drum herum, dich kurz mit dem Thema »Proportionen« zu beschäftigen.

Du kannst die Größe des Menschen in Kopflängen messen. Durchschnittliche erwachsene Körper sind sieben bis siebeneinhalb Kopfgrößen groß. Idealisierte Körper werden mit acht Kopfgrößen dargestellt.

Beim Businesszeichnen würden wir Figuren niemals in dieser Länge darstellen. Allerdings ist interessant zu sehen, wie das Verhältnis der Gliedmaßen zueinander ist. So reichen die Hände bis in den fünften Kopf (gerechnet von oben) hinein.

Diesen Umstand berücksichtigen wir auch bei der sogenannten O-U-V-Figur:

Beachte hier außerdem, dass du das »V« nicht zu hoch oder zu niedrig ansetzt:

Du könntest aber auch ganz bewusst damit »spielen«, um Individualität in das Aussehen der Figur zu bringen – schließlich gibt es beim Businesszeichnen keine Recht-Zeichnung:

Ich zeichne auch sehr gerne folgende Abwandlung der O-U-V-Figur:

Auch bei dieser Figur können Arme und Hände eine entscheidende Rolle spielen:

Wie du sehen kannst, deute ich die Hände meist nur an. Das reicht in den allermeisten Fällen vollkommen aus.

Hände detaillierter zu zeichnen bedarf etwas mehr Übung und das Verständnis, aus welcher Grundform die Hand ursprünglich besteht:

Um das zu lernen, habe ich für mich einzelne Hand-Szenen als Bildvokabeln kreiert und sie geübt. Hier eine interessante Auswahl als Schritt-für-Schritt-Anleitung:

Es gibt noch eine weitere Möglichkeit, Figuren darzustellen: als Kartenmensch.

Stell dir vor, der Torso der Figur besteht aus einer Spielkarte. Proportional werden hier noch Kopf, Arme mit Händen und Beine mit Füßen ergänzt:

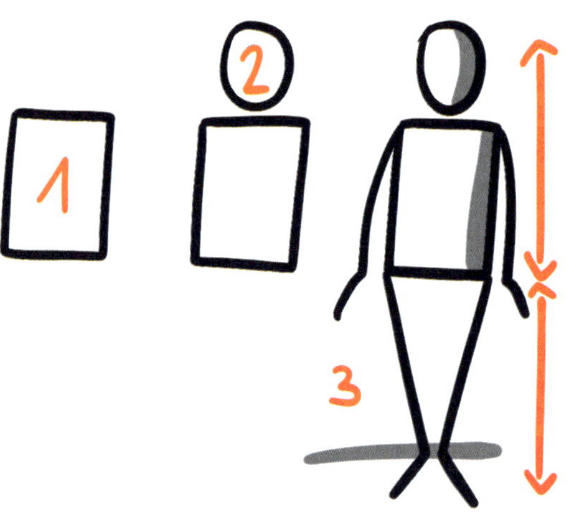

Mit dem Kartenmenschen lässt sich fabelhaft Dynamik in den gezeichneten Körper bringen. Hier ein paar Beispiele:

Ich empfehle dir, ganz bewusst, mit der Darstellung der Karte zu spielen und erst im zweiten Schritt den Rest zu ergänzen:

In vielen Fällen reicht auch nur die Zeichnung des Oberkörpers aus. Hier Beispiele aus dem Businessbereich:

Hier eine Sammlung an hilfreichen Zeichnungen von Figuren fürs Business:

IDEE HABEN
NEUE WEGE!
NACH OBEN
TOOLS!
MODERIEREN
ZIELE HABEN

Emotionen

Jetzt fehlt noch die Darstellung von Emotionen – die sind in vielen Fällen zentraler Teil der visuellen Botschaft. So sind aus dem Business-Leben heutzutage auch Emojis nicht mehr wegzudenken. Das spielt sich zwar oft im informellen Bereich ab – tut der Wirkung aber keinen Abklang!

Einer der größten Aha-Erlebnisse für mich war, als mir die Wichtigkeit der Kopfform bei der Darstellung von Gesichtern gezeigt wurde. Wir alle kennen den häufig genutzten Smiley:

Ich setze zwar nach wie vor auch runde Köpfe in Businesszeichnungen ein – bin mir aber der Wirkung bei der Darstellung wichtiger Emotionen jetzt bewusst und setze dann ganz gezielt auf ovale (erwachsene) Köpfe!

Um Emotionen pointiert darstellen zu können, brauchen wir neben der Kopfform noch Augen, Augenbrauen, Nase (damit die Figur menschlich wirkt) und den Mund:

Grundlegend bei der Darstellung von Emotionen im Gesicht ist die Stellung der Augenbrauen beziehungsweise Augen. Werden die Augenbrauen nach innen liegend gezeichnet, bekommt der Gesichtsausdruck eine aggressive Note:

Werden die Augenbrauen hingegen nach außen fallend gezeichnet, trägt das den Ausdruck ins Passive:

Ohne Augenbrauen würden sich diese Gesichter nicht unterscheiden – du siehst es besonders gut beim Gesicht mit Mundwinkel nach unten:

Hier eine Sammlung von Gesichtsausdrücken, welche mir im Business-Kontext immer wieder begegnen:

Wie du sehen kannst, sind es nicht immer nur mehr oder weniger reale Darstellungen, sondern ich bediene mich auch der Welt der Cartoons. Wer kennt sie nicht, die Gesichter mit Herzen in den Augen? – Sehr effektiv, um direkt eine emotionale Botschaft zu transportieren!

Experimentiere auch mit der Kopfform selbst, um die Wirkung auf den Gesamtausdruck zu erkunden:

Let's talk about sex!

An und für sich soll die ovale Kopfform eine geschlechterneutrale Person darstellen. Dieser Kopf wirkt jedoch kahl und Kahlköpfigkeit wird in den meisten Fällen als maskulines Merkmal erlebt. Was also tun, wenn du speziell zum Beispiel eine feminine Figur darstellen willst? Genau! Du kannst Haare auf den Kopf setzen! Nur – wohin damit? Dazu schauen wir uns kurz die Proportionen der Gesichtsmerkmale zueinander an:

Auf die Mittellinie setzt du die Augen – damit entsteht auch genügend Platz, um den Haaransatz zeichnen zu können – Ohren, Nase und Mund verstehen sich von selbst:

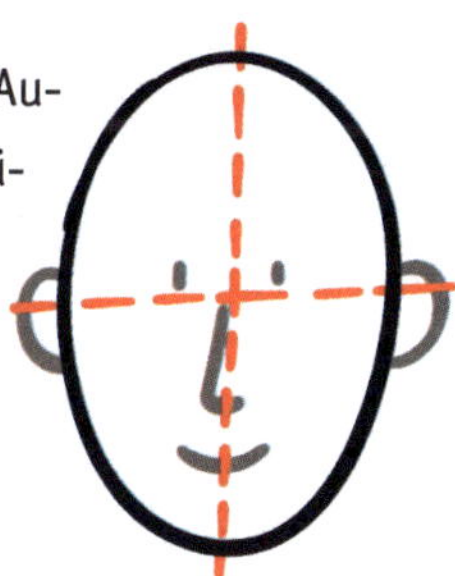

Hier ein paar interessante Haaransätze – sofern du sie überhaupt brauchst:

Noch ein Tipp der Vollständigkeit halber: Diese glatten Gesichter wirken meist recht jung. Willst du explizit ältere Figuren darstellen, zeichne beispielsweise noch ein paar Falten ein oder Accessoires wie eine Lesebrille:

Damit sind wir ins Maximum des Detailgrads im Businesszeichen-Kontext abgetaucht. Lass uns doch wieder in höhere Regionen schwimmen. Hier eine Sammlung von Figuren mit Emotionen:

Der Betrachter im Dialog mit der Zeichnung

Schon mal von den Spiegelneuronen gehört? Es handelt sich dabei um Nervenzellen im Gehirn, welche unter anderem dafür verantwortlich sind, dass wir Empfindungen von anderen auf uns übertragen können. Vereinfacht gesprochen helfen sie dabei, etwas emotional nachvollziehen zu können. Das schafft Klarheit! Gerade der emotionale Anteil einer Botschaft kann im Businesskontext oft verwirrend sein. Komplexität pur!

Umso erstaunter war ich, als mir bewusst wurde, dass wir nicht nur auf den Gesichtsausdruck anwesender Menschen reagieren, sondern die Spiegelneuronen auch bei gezeichneten Gesichtern aktiv werden! Das ist genial! Damit ist für mich auch klar, warum viele Menschen auf Maskottchen und dergleichen reagieren oder bei Disneyfilmen mit sprechenden Kaffeetassen mitfühlen können. Das heißt, diese Art der Visualisierung hat einen deutlichen Vorteil gegenüber dem geschriebenen Wort – wir fühlen die Information damit auch!

Das Handgezeichnete ist so der digital designten Grafik noch mal deutlich überlegen:

Das ist nicht irgendein Auto, sondern dein Gegenüber war dabei, als du es gezeichnet hast. Folglich ist es ein Unikat, das emotional aufgeladen ist. In meinem Beispiel handelt es sich um das Thema »Reisekosten« und ist Teil eines Meetings, in welchem wir dieses Thema diskutieren. Wie schön das Auto gezeichnet ist, ist total nebensächlich – schließlich dient die Zeichnung fortan als emotionaler Platzhalter für das Thema.

Maskottchen zeichnen

Das geht übrigens sehr einfach! In nur wenigen Schritten kann aus jedem x-beliebigen Gegenstand, Fahrzeug, Buchstabe etc. ein Maskottchen entstehen:

Kindisch? Mitnichten! – Meine Maskottchen sind auch auf Vorstandsetagen gern gesehene Gäste. Vorausgesetzt, es gibt eine Geschichte dazu und das Maskottchen füllt diese mit Sinn.

Die Einzelteile werden zum großen Ganzen!

Nachdem du jetzt einige Bildvokabeln zur Hand hast, wird es Zeit, diese zu kombinieren und zu ganzen Charts zusammenzuführen. Die folgenden Bilder sollen dich dabei inspirieren:

AGENDA
15:00
Abschluss
13:00
Thema zwei
12:00
Mittag
10:00
Thema Eins
Bestands-aufnahme
9:30
9:00
Ankommen Einstieg

Brainstorming
ideen

Rücken-
wind!
Wie können wir
Fahrt aufnehmen?

Wo stehen
wir derzeit?
WIR
WACHSEN!

Ein
leuchtendes
Beispiel

3 mutige
Schritte...
1
2
3

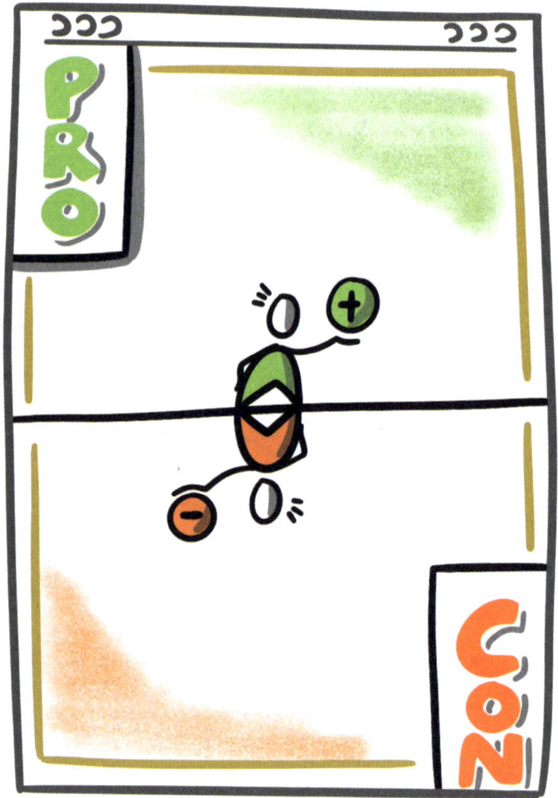
PRO
CON

THEMENSPEICHER

9 Genial, was dir die Stifthaltung bringt!

Du hast jetzt bereits viel übers Zeichnen gelernt – höchste Zeit, auch dem Schreiben Zeit zu widmen! Und da sollten wir eingangs gleich mal den Fokus auf unser Werkzeug legen und wie man es richtig einsetzt.

Stifte

Konzentrieren wir uns auch hier auf das Wesentliche. Bei mir kommen drei verschiedene Arten von Stiften zum Einsatz:

- Keilspitzenstift
- Rundspitzenstift
- Pinselspitzenstift

Zum Schreiben verwende ich hauptsächlich den Keilspitzenstift:

Der Rundspitzenstift kommt vor allem beim Zeichnen zum Einsatz, da die Linie immer gleich breit bleibt. Und außerdem setze ich ihn dort ein, wo es einmal nach kleinerer Schrift verlangt (und die Keilspitze zu fett wird):

Der Pinselspitzenstift ist hingegen ein hervorragender Allrounder – sowohl zum Schreiben wie auch zum Zeichnen (und in Farbe verwende ich ihn gerne zum Ausmalen beziehungsweise als grauen Stift für das Zeichnen der Schatten):

In der Anwendung ist die Rundspitze am simpelsten – eine Stärke – eine Linie. Hier gibt es nichts weiter zu beachten. Bei der Pinselspitze musst du auf den Druck achten. – Je mehr Druck auf der Spitze, desto dicker wird die Linie. Am meisten Aufmerksamkeit braucht die Keilspitze. Hier verändert die richtige Handhabung des Stifts das gesamte Erscheinungsbild. Sieh selbst:

BEISPIEL 1
BEISPIEL 2
BEISPIEL 3

Wie den Stift also richtig halten beziehungsweise einsetzen? Dazu sehen wir uns die Spitze etwas genauer an:

Achte beim Aufsetzen der Spitze darauf, dass du nicht die gesamte Fläche verwendest, sondern nur die Kante einsetzt. Um zu prüfen, ob du die Kante im richtigen Winkel ansetzt, zeichne eine Reihe von kurzen Bögen wie diesen hier:

Am Berührungspunkt der Bögen kannst du gut erkennen, in welchem Winkel die Kante des Stiftes ansetzt. Hier zwei Beispiele dazu:

Bei der sogenannten Moderationsschrift am Flipchart wird darauf geachtet, dass der Kanteneinsatz bei 45 Grad liegt.

Ich sehe das wesentlich entspannter und gehe dabei sogar soweit, zu sagen, dass du besser deine eigene Handschrift einsetzen sollst! Sie zeigt deine Individualität und passt hundertprozentig zu dir. Eine Sache ist dabei jedoch zu beachten: Die Schrift sollte lesbar sein! Und das ist oft die Krux an der Sache. Folgendes kannst du tun, damit deine Schrift gut lesbar ist.

Gut lesbare Schrift

Einer der häufigsten Fehler ist nicht das Zu-klein-Schreiben, sondern es wird zu groß geschrieben! Dabei ist es ganz einfach – die Breite der Stiftspitze bestimmt die maximale Größe der Schrift!

Das heißt, mit einem normalen Keilspitzenstift (Strichstärke zwei bis sechs Millimeter) solltest du bei Einsatz der maximalen Breite, maximal so groß schreiben:

Folgender Fehler lässt sich beim Schreiben am Flipchart häufig beobachten: Die Buchstaben werden zu weit auseinander gesetzt. Sieh dir dazu folgendes Beispiel an:

auseinan
zusammen

Siehst du, was ich meine? Das Wort »zusammen« ist wesentlich besser lesbar – vor allem aus der Ferne. Versuche daher, die Buchstaben so nah wie möglich zusammen zu setzen. Das bedarf möglicherweise einer kurzen Eingewöhnungsphase – geht dann aber ins Muskelgedächtnis über und funktioniert ganz automatisch. Und es lohnt sich!

Hinsichtlich der Groß- und Kleinschreibung solltest du außerdem Folgendes beachten:

Erstens: Beim Verwenden von Kleinbuchstaben sollte das Größenverhältnis zu den Großbuchstaben zwei Drittel betragen:

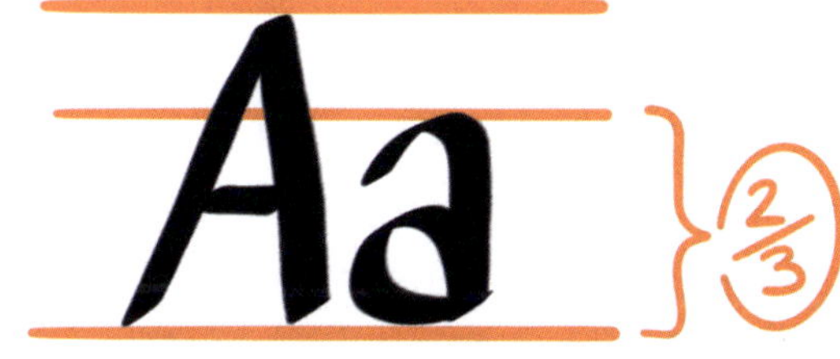

Das ist wesentlich besser lesbar, als wenn die Kleinbuchstaben nur halb so groß sind wie die Großbuchstaben.

Zweitens: Verwendest du durchgehend Großbuchstaben? – Dann ist folgender Tipp für dich genau richtig:

Wie du an diesem Beispiel gut sehen kannst, ist das Wort, welches in sogenannten Kapitälchen geschrieben ist, wesentlich einfacher zu lesen. Achte dabei wieder darauf, dass die kleiner geschriebenen Großbuchstaben zwei Drittel so groß sind.

Drittens: Ich habe mir außerdem angewöhnt, das klein geschriebene »a« so zu schreiben:

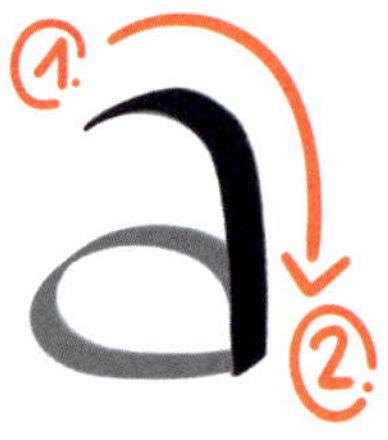

Der Vorteil dabei liegt darin, dass es sich beim Lesen wesentlich von Buchstaben wie b, d, g, o, p, q unterscheidet. Die sogenannten geschlossene Punzen sind bei diesen Buchstaben für das Auge zum Verwechseln ähnlich. Daher lohnt es sich, dem »a« ein anderes Aussehen zu verleihen, damit das Lesen einfacher wird. Da auch ich früher das »a« anders geschrieben habe und mir diese Schreibweise erst nachträglich angeeignet habe, war ich erstaunt, wie schnell das ging. Durch konsequentes Einsetzen (auch bei Handnotizen) ging die neue Schreibweise in gerade einmal zwei Tagen (!) in mein Muskelgedächtnis über. Heute muss ich nicht mehr darüber nachdenken – es geht automatisch.

Aus didaktischer Sicht, sind solche störenden Elemente zudem sehr spannend! Unser Gehirn liebt es, in den Auto-Modus zu switchen. Dabei unterlaufen ihm in der Aufnahmephase jedoch immer wieder Fehler. Stößt es hingegen auf solche irritierenden Elemente, dann bleibt es sozusagen wach! Du könntest dir beispielsweise auch überlegen, den Buchstaben »i« auch bei der Großschreibweise immer klein zu schreiben:

DiENSTAG
MiTTWOCH
FREiTAG

Oder auch gerne stattdessen das »a« (oder beides):

MONTaG
DiENSTaG
FREiTaG

Oder erfinde deinen ganz eigenen merkwürdigen Buchstaben-Rebellen.

Der Schatten zieht in den Bann

Ein absoluter Hingucker ist der Schatten bei gewichtigen Worten oder Überschriften! Wenn du hier noch nicht so geübt bist, empfehle ich dir, ihn vorerst nur bei Großbuchstaben einzusetzen – das ist einfacher:

Sollte da einmal ein Schatten nicht perfekt sitzen, ist das nicht weiter schlimm. Du wirst sehen, dein Gegenüber ist jedenfalls davon begeistert! Und genau darum geht es uns – Emotionen erzeugen um merkwürdig in Erinnerung zu bleiben. Besonders eindrucksvoll sehe ich hier den Einsatz von schwarzem Schatten – dieser liegt dabei ganz eng an den Buchstaben an:

Buchstaben als Zeichnungen

Buchstaben lassen sich außerdem hervorragend als Maskottchen einsetzen. So wird beispielsweise aus einem »P« das Maskottchen des Projekts:

Probiere das doch gleich auch mit dem Anfangsbuchstaben deines Vor- oder Nachnamens aus. Wo würdest du dort die Gesichtspartien zeichnen?

Außerdem kannst du dir überlegen, ob du nicht da und dort mal einen Buchstaben durch ein Symbol ersetzt oder vielleicht einen Buchstaben lebendig werden lässt:

Damit Buchstaben nicht einfach das Weite suchen, arbeitest du am besten mit Containern.

Boxen, Container und Rahmen

Eines der simpelsten wie auch wirkungsvollsten Mittel, um Content zu strukturieren, ist der Einsatz von Containern:

Sonntag

Container erzeugen einen Bereich, auf den das Auge fokussieren kann. Es entstehen dadurch regelrechte Informationseinheiten. Und damit kann unser Gehirn hervorragend arbeiten! Solche Einheiten können gut erfasst, verarbeitet, abgerufen und in Bezug zu anderen Einheiten gesetzt werden.

Bei der Darstellung von Containern (du hast sie bereits in Kapitel 7 kennengelernt) gibt es kaum kreative Grenzen – von einfach bis fancy (denke immer daran, zuerst den Text zu schreiben und dann erst den Container rundherum zu zeichnen):

Ein sehr extravaganter Container ist der Banner.

Banner

Ein Text mit Rahmen erzeugt Fokus – ein Text mit Banner erzeugt noch größere Aufmerksamkeit!

Und nicht alles, was Staunen erzeugt, muss kompliziert zu zeichnen sein. Das Banner ist so ein Wunderding! Mit dieser Schritt-für-Schritt-Anleitung kannst du es dir gut einprägen und spontan reproduzieren:

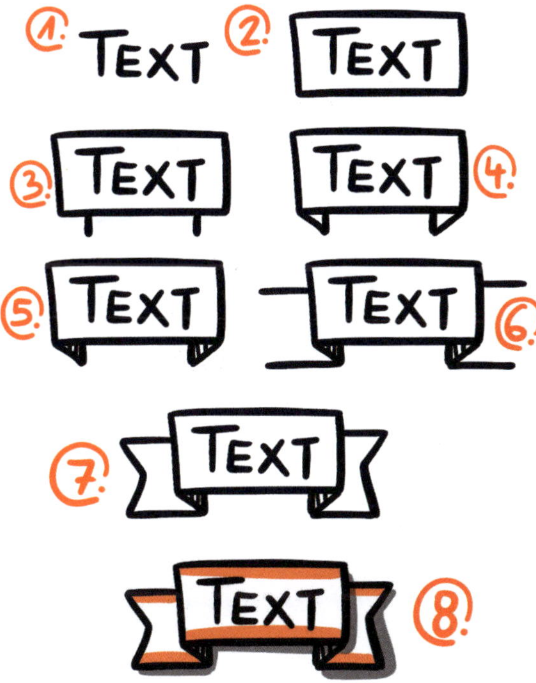

Mit kleinen Abänderungen kann so eine Vielfalt an attraktiven Bannern entstehen:

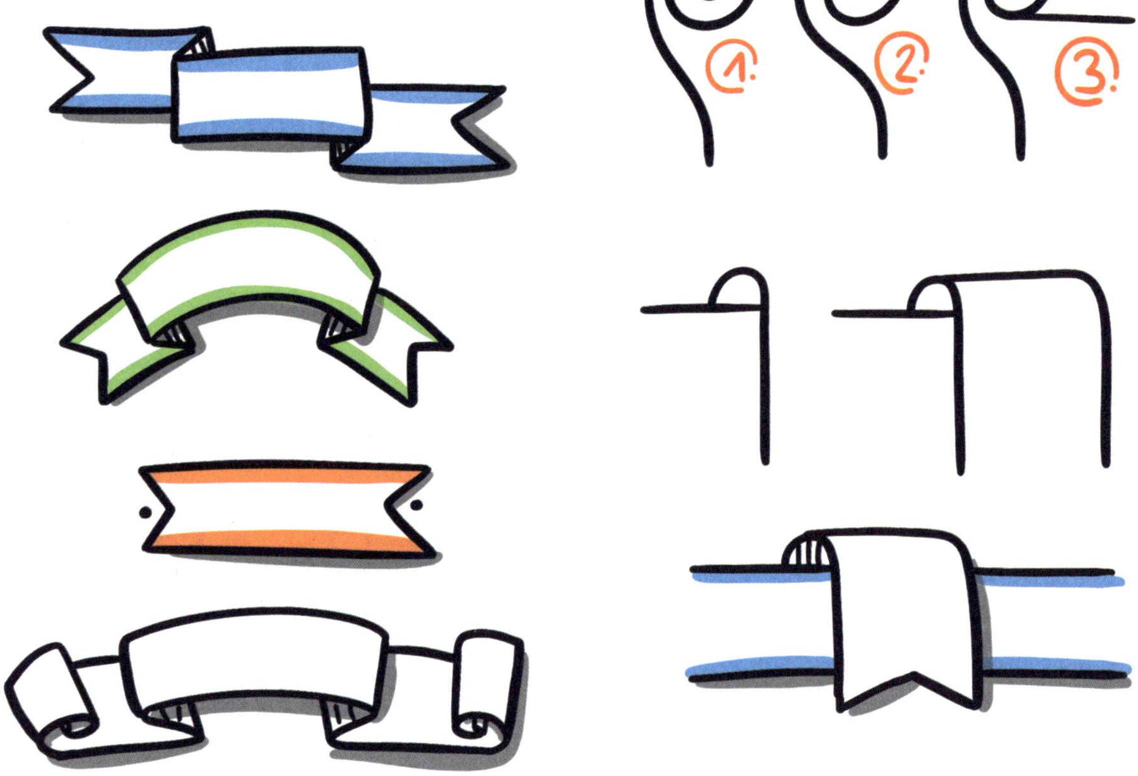

Menschen kommunizieren!

Die Text-Container, welche ich im Businessbereich allerdings am häufigsten brauche, sind Sprech- und Gedankenblasen.

Hier wird die Zeichnung richtig gehend magisch – wir können sozusagen Gedankenlesen und diese sichtbar werden lassen! Im Businesskontext bringt das Klarheit und Verständnis.

Beginnen wir mit der Sprechblase:

Wichtig ist dabei die Spitze zum Sprecher hin. Diese zeichnest du am besten nicht in einer Linie durch, sondern setzt dazwischen ab – so entsteht diese perfekte Spitze. Wie du sehen kannst, verwende ich auch gerne eckige Container als Sprechblasen – hier findet der Text wesentlich besser Platz. Eigentlich kannst du aus nahezu jedem Container eine Sprechblase zaubern:

So könnten außerdem Sprechblasen von mehreren Menschen aussehen:

Über die Darstellung der Linie der Sprechblase kannst du außerdem die Qualität des Gesagten darstellen:

Und auch die Kombination von Sprechblasen mit Pfeilen ist höchst wirkungsvoll:

Fehlt nur noch die Gedankenwolke. Hier eine Anleitung, wie du sie einprägsam und einfach zeichnen kannst:

Aus vielen Gedankenwolken können regelrechte Gedankenpaläste entstehen:

Und auch hier liegt die Kombination mit einem sogenannten Lückenpfeil nahe:

Farbe bekennen! Mit Stil ans Ziel 10

Das Verwenden von Farbe ist nicht bloß das Tüpfelchen auf dem i, sondern das A und O!

Farbe fokussiert – unser Gehirn wertet Farbe in der Wahrnehmung mit Vorzug aus. Das heißt jenen Bereichen, die in Farbe ausgestaltet sind, wird mehr Beachtung geschenkt als jenen in schwarz-weiß. Dadurch steigt wiederum die Merkfähigkeit. Das ist ein Umstand, den wir uns ganz gezielt zunutze machen sollten.

Gerade in der Prozessarbeit achte ich beispielsweise sehr darauf, dass die Farbe erst dann ins Spiel kommt, wenn klar ist, auf welche Punkte wir uns konzentrieren wollen. Da und dort mal eine Informationseinheit mit einem Farbcontainer zu versehen, schafft Klarheit und Verständnis. Genauso bei einzelnen Worten oder Symbolen beziehungsweise ganzen Zeichnungen.

Wie geht man allerdings in der Auswahl der passenden Farben am besten vor?

Farbauswahl

Am hilfreichsten bewerte ich hier das sogenannte Farbrad. Es besteht aus den Primärfarben einerseits (rot, gelb, blau) und den Sekundärfarben andererseits (orange, grün, violett):

ROT
VIOLETT
BLAU
GRÜN
GELB
ORANGE

Einander gegenüberliegende Sekundär- und Primärfarbe bilden die sogenannten Komplementäre.

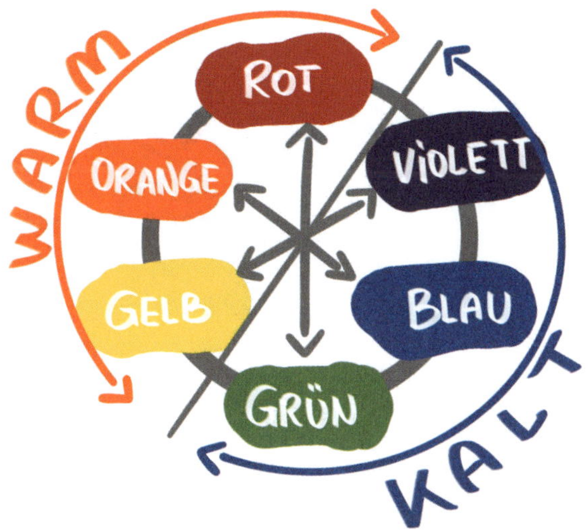

Außerdem kann das Farbrad noch in zwei Hälften unterteilt werden – so erhalten wir die Gruppe der warmen (rot, orange, gelb) und kalten (grün, blau, violett) Farben.

Bevor wir uns der Farbauswahl widmen, sei noch eines gesagt: Weniger ist mehr!

Willst du mit Farbe Fokus schaffen, solltest du sie nicht exzessiv einsetzen, sondern dich auf zwei bis maximal drei Farben beschränken.

Die Farben wählst du dabei wie folgt aus:

Erstens: Willst du möglichst viel Harmonie in der Darstellung, nimmst du benachbarte Farben, wie zum Beispiel:

Zweitens: Willst du möglichst viel Spannung in der Darstellung, nimmst du möglichst Komplementärfarben:

Drittens: Eine hervorragende Möglichkeit der Auswahl von Farben ist, im einfarbigen Bereich zu bleiben und hier mit der Helligkeit zu spielen (monochrom):

Ich selbst arbeite gerne mit dieser monochromen Methode und wähle dabei zusätzlich eine Highlight-Farbe aus (oft aus dem gegenüberliegenden Farbbereich):

Dunklere beziehungsweise kräftigere Farben verwende ich zum Beispiel für:

- Überschriften,
- Container und Rahmen,
- Pfeile und Verbindungen im Vordergrund,
- Outlines,
- Schrift generell.

Hellere beziehungsweise blassere Farben hingegen für

- Highlights,
- Pfeile und Verbindungen im Hintergrund,

- Schatten,
- alles, was im Hintergrund bleiben soll und erst auf den zweiten Blick sichtbar wird.

Hier ein paar Beispiele dazu:

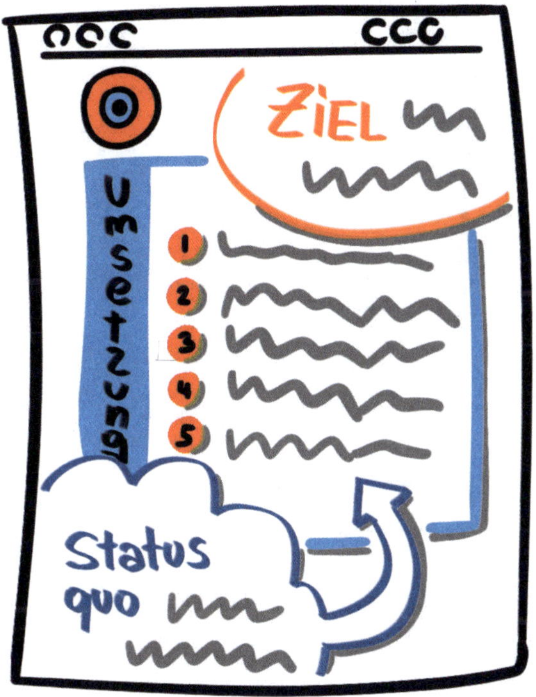

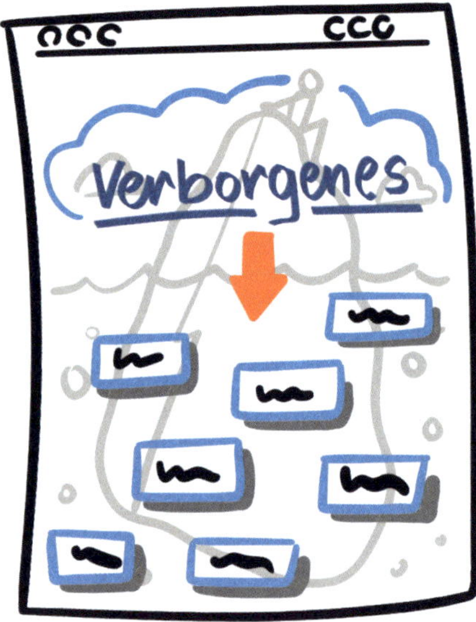

Eine besondere Rolle spielt die Farbe außerdem noch beim Blackboard-Effekt. Schultafeln sind meist schwarz oder anthrazit beziehungsweise dunkelgrün. Die weiße Kreide darauf, sieht man sehr gut – es ergibt sich ein hervorragender visueller Kontrast. Ein Umstand, den wir nutzbar machen können. Soll beispielsweise ein Symbol besonders hervorstechen, koloriere ich nicht das Symbol, sondern zeichne einen Container rundherum und koloriere diesen (funktioniert auch mit Buchstaben wunderbar):

Schwarz-weiß

Das Schöne ist, dass auch eine Visualisierung in schwarz-weiß ihren Reiz beziehungsweise ihre Wirkung hat. Gerade mit dem Keil- oder Pinselspitzenstift lässt sich da mit unterschiedlicher Strichstärke ganz wunderbar spielen:

Wenn beispielsweise in einem Meeting ein bestimmtes Thema nicht besonders intensiv besprochen wird, dann bleibt die dazugehörige Visualisierung in meinem Fall auch meist in schwarz-weiß gehalten. Sieht man sich im Nachgang das Fotoprotokoll an, erkennt man so intuitiv an der Ausgestaltung, welchen Themen mehr und welchen Themen weniger Aufmerksamkeit geschenkt worden ist (beziehungsweise welchen Bereichen im Bild).

Als Moderator setze ich das ganz gezielt ein, indem ich mich bei der Erstellung der Visualisierung möglichst an folgende Reihenfolge halte:

1. Überschrift(en) schreiben
2. Text schreiben
3. Container um die Texte zeichnen (Was gehört zusammen?)
4. Zeichnungen (zuerst das, was im Vordergrund ist – danach das, was in den Hintergrund gehört)
5. Schatten
6. Kolorierung
7. Abschließender Rahmen um die gesamte Visualisierung (darf gerne an bestimmten Stellen offen bleiben)

Hier ein Beispiel:

AGENDA

Ankommen

Bestandsaufnahme

PAUSE

Thema bearbeiten

Abschluss

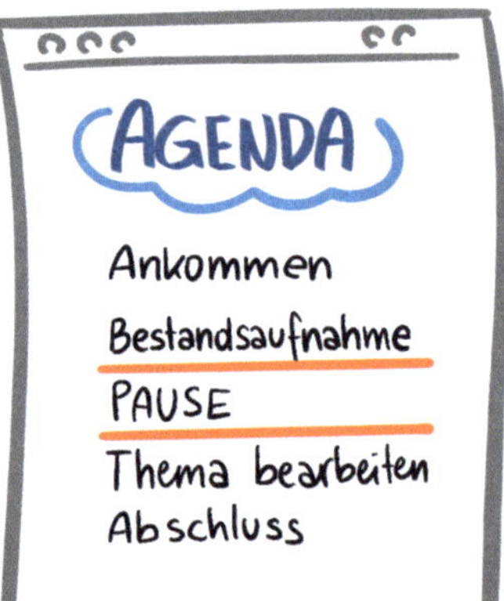

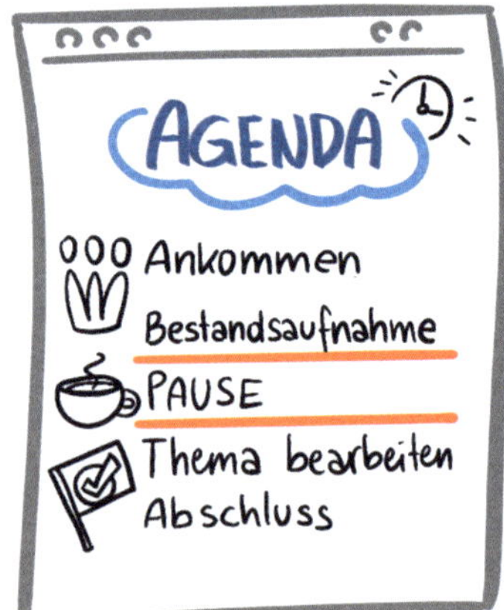

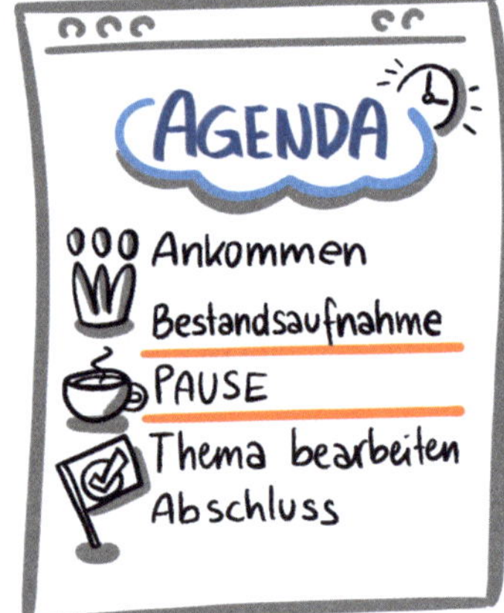

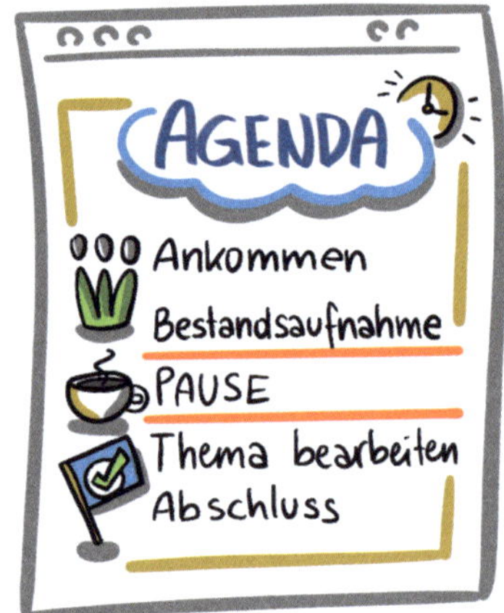

Das heißt, es kommt auch vor, dass gar keine Zeichnungen aufs Bild kommen (weil wir nach Schritt drei bereits zum nächsten Themen gewechselt sind). Oder auch, dass eine Visualisierung gerade einmal eine Schattierung bekommt – aber keine Kolorierung.

Ich gehe dabei so vor, dass ich immer den richtigen Stift (zum passenden Entwicklungsschritt des Flipcharts) in der Hand halte und dann eben nicht nur auf den jeweiligen Bereich zeige, sondern den Stift einsetze (zum Beispiel so, dass Schatten hinzukommen).

Das hat einen methodischen Hintergrund. Ich habe bereits einmal erwähnt, dass unser Gehirn gerne auf Sparflamme läuft und in den Automodus switcht. Das macht es vor allem dann, wenn ihm etwas bereits bekannt vorkommt. Würde ich jetzt bloß aufs Flipchart zeigen (um zum Beispiel die bereits besprochenen Punkte durchzugehen), ist die Wahrscheinlich sehr hoch, dass die Konzentration nachlässt. Ergänze ich hingegen die Visualisierung um weitere Details (wie eben Schatten, Farbe, Symbole etc.), dann bleibt die Aufmerksamkeit gegeben und somit die Merkfähigkeit.

Tipp: Wenn du ins Farbthema tiefer einsteigen beziehungsweise damit experimentieren willst, empfehle ich dir das Farbrad von Adobe. Folge dazu einfach diesem Link:

https://color.adobe.com/de/create/color-wheel

Auf dieser Seite kannst du mit verschiedenen Farbharmonien experimentieren: Monochromatisch, Triade, Komplementär und vieles mehr.

Außerdem können hier Farbbibliotheken entdeckt und Trends verfolgt werden. Have fun with colours!

Über Online-Whiteboards ins Herz treffen 11

Nach den ersten zehn Kapiteln könntest du den Eindruck gewonnen haben, dass ich ein großer Fan der analogen Visualisierungstechniken bin. Das ist aber weit gefehlt! Aus meinem Zeichenalltag ist mein Grafiktablet nicht mehr wegzudenken und auch ein anderes Tool ist mittlerweile seit Jahren tagtäglich in Betrieb: das Online-Whiteboard (in meinem Fall MIRO).

Es erleichtert mit das Visualisieren von Systemen, Prozessen und Vergleichen enorm. Nahezu jedes Projekt wird mittlerweile in der Konzeptionsphase über MIRO entwickelt. Ich setze es in der Vorbereitung, bei Präsentationen und in der gemeinsamen Entwicklung der grafischen Umsetzung ein. Dabei kommen im ersten Schritt vor allem digitale Notizzettel zum Einsatz. Und auch hier spielen visuelle Frameworks eine gewichtige Rolle.

But first things first! – Im Wesentlichen unterteilen sich meine Projekte in zwei Bereiche: dem visuellen Begleiten von Prozessen und dem grafischen Aufbereiten von Informationen.

Visuelle Erklärung entwickeln

Beim grafischen Aufbereiten von bestehenden Informationen unterscheide ich zwischen Infos, welche vereinfacht gehören (also derzeit noch zu kompliziert sind, um sie präsentieren zu können) und solchen, welche in den Bereich der Komplexität gehören (wie zum Beispiel Beziehungen zwischen einzelnen Menschen oder Gruppen darzustellen).

Wenn Kompliziertes vereinfacht werden soll, sammle ich im ersten Schritt alle vorliegenden Infos am Whiteboard:

- Texte,
- Notizen,
- Tabellen und Zahlen,
- Screenshots,
- Bilder,
- Präsentationsfolien.

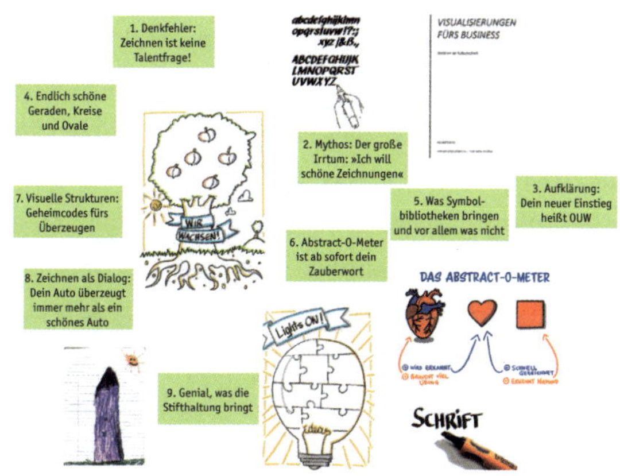

Am Online-Whiteboard funktioniert das ausgezeichnet – schließlich kann hier nahezu unendlich nach oben, unten, links und rechts erweitert werden. Ich kann sozusagen in alle Richtungen entdecken.

Im nächsten Schritt gilt es dann, entsprechende visuelle Frameworks anzuwenden. Dabei hilft auch die Unterscheidung zwischen Prozess, System und Vergleich (siehe Kapitel 7). Die wichtigsten Informationseinheiten werden auf digitale Notizzettel geschrieben und dann sinnvoll grafisch angeordnet.

Hier unterstützen häufig einfachste visuelle Frameworks, wie zum Beispiel:

- Dreieck,
- Rechteck,
- Zwiebelstruktur,
- Stufen,
- Zentralsystem,
- modulare Darstellung,
- …

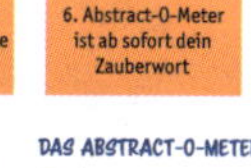

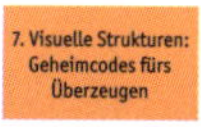

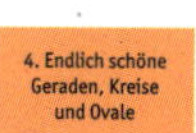

Oder es kommen gleich Metaphern als strukturgebende Einheiten zum Einsatz. Auch hier einige Beispiele:

- Baum,
- Berge,
- Eisberg,
- Flugzeug,
- …

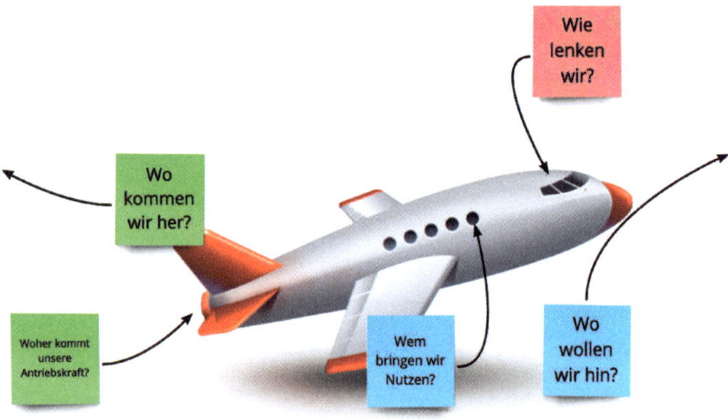

So schält sich Schritt für Schritt aus einer Fülle an Informationen die erklärende visuelle Struktur heraus. Häufig auch in enger Abstimmung mit den Kunden – teilweise sogar live online im gemeinsamen Workshop. Didaktisch gesehen hat das den großen Vorteil, dass die Kunden zur grafischen Umsetzung eine Beziehung aufbauen, dahinter stehen und auch im Nachgang besser die Inhalte untereinander oder nach außen präsentieren können. Nicht selten sagen Kunden nach so einem Prozess: »Wow! Ich habe jetzt in Bezug auf unser Thema nochmals ganz neue Einsichten gewonnen und es auch weiterentwickeln können!«

An dieser Stelle noch ein kurzer Einschub zum selben Prozess, jedoch in der analogen Variante. – Du kennst bestimmt die Aussage: »Erkläre es mir so, als ob ich fünf Jahre alt bin!« Um Sachverhalte zu vereinfachen, ist das eine ganz gute Strategie. Ich gehe manches Mal noch einen Schritt weiter und sage: »Zeichne es mir so auf, als ob du fünf Jahre alt bist.« (Du erinnerst dich an dieser Stelle möglicherweise an die Aufgabenstellung von Kapitel 2.) – So eine Kinderzeichnung ist häufig ein Initialzünder für Ideen und Umsetzung. Probier es beim nächsten Mal gerne aus.

Zurück zum Online-Whiteboard: Mit jedem Schritt nimmt die Struktur der betreffenden Inhalte mehr und mehr Form an. Das Gute an Online-Whiteboards ist auch, dass diese Schritte gleich dokumentiert sind. Das heißt, wir können auch jederzeit wieder zurückblicken und sehen die Entwicklung, um gleich im Blick (und in der Erinnerung) zu haben, woher wir kommen und wieso wir uns gerade an dieser oder jener Stelle befinden. Das ist visuelles Denken par excellence!

Unser Gehirn verarbeitet Bilder (und visuelle Strukturen) wesentlich effizienter als bloßen Text. Beim Vereinfachen von komplizierten Sachverhalten ist das enorm hilfreich. Schritt für Schritt entwickelt sich die Visualisierung - die Dokumentation dieser Einzelschritte fließt häufig in das fertige Gesamtbild ein. Bild für Bild. Ein wenig so, wie bei einem Comicstrip!

Komplexität habhaft werden

Bei visuellen Erklärungen gibt es neben dem Komplizierten auch noch das Komplexe. Dieses unterscheidet sich bereits wesentlich von Ersterem dadurch, dass es eben nicht vereinfacht werden kann. Greifen wir hier ausschließlich auf Text-Dokumentation zurück, stellt sich meist sehr rasch Verwirrung bei allen Beteiligten ein. »Wer hat was, warum über wen (oder was) wozu gesagt?« – Alleine dieser Satz ist symptomatisch für komplexe Zusammenhänge.

Was kann hier eine Visualisierung mit einem Online-Whiteboard leisten?

Gleich mal eines vorweg: Wenn es um komplexe Zusammenhänge geht, die mehrere Menschen betreffen, tut der Visual Facilitator gut daran, alle in den Visualisierungsprozess miteinzubeziehen. Nur so werden aus Betroffenen Beteiligte. Hört sich wie ein alter Hut an – wird in der Praxis jedoch viel zu wenig berücksichtigt! Meiner Erfahrung nach einfach aus dem Grund: mehr Menschen einzubeziehen bedeutet fast immer, dass ein Prozess sehr lange dauern wird.

Die gute Nachricht: Visuelle Begleitung kann das abkürzen! Ich hatte bereits erwähnt, dass Bilder als Anker dienen. So auch hier. Im Fall von komplexen Zusammenhängen wird das gemeinsame Bild am besten so entwickelt:

1. Jeder für sich entwickelt sein Basic-Bild des Themas.

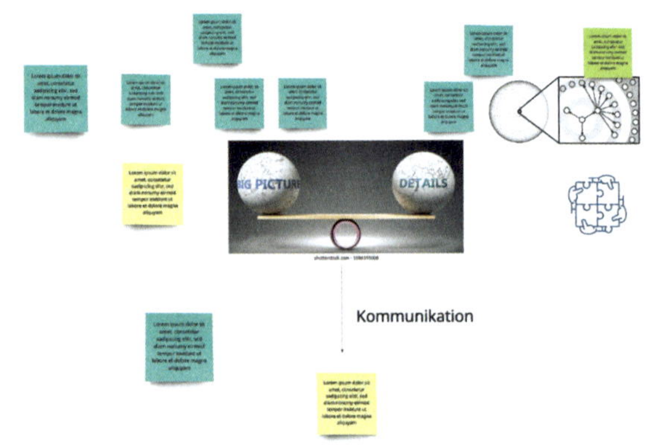

2. Diese Bilder werden mit einer anderen Person abgeglichen und adaptiert.

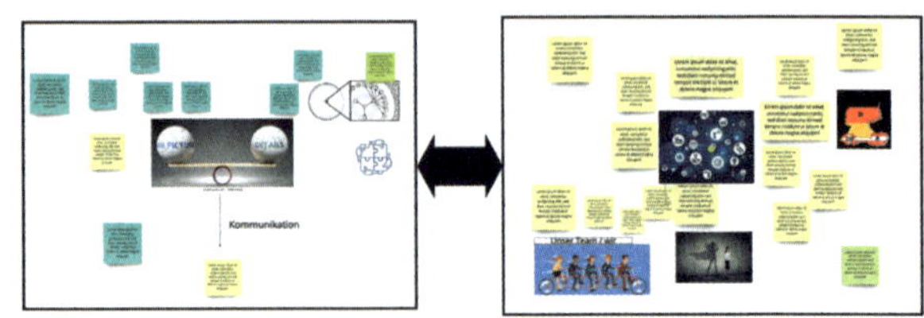

3. In einem iterativen Prozess findet dieser Abgleich mit immer mehr Personen statt und schließlich entsteht ein gemeinsames (großes) Bild.

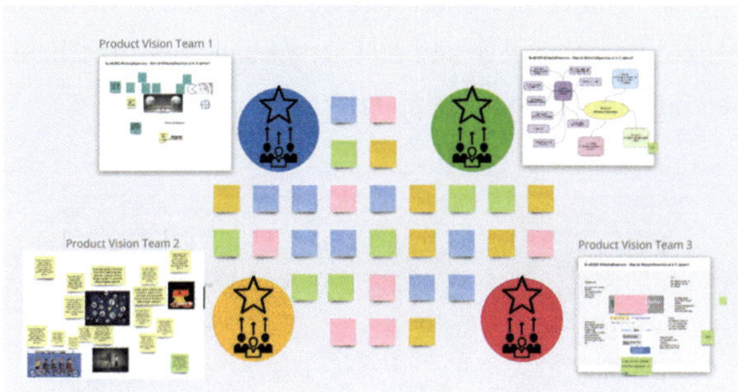

Der wesentliche Grundsatz dabei lautet: Komplexität kann nicht aufgelöst werden – sie wird, SICHTBAR gemacht (und damit greifbar). Nur so kann man sich im weiteren Prozess darauf beziehen (ein Bild, das als Anker dient) und damit arbeiten. Und eben auch Lösungen finden!

Das Online-Whiteboard ist hier sehr interessant, da man nicht unbedingt zeichnen muss, um etwas zu visualisieren, sondern die Objekte auf dem Whiteboard verwenden kann (Formen, Bilder, Piktogramme, Notizzettel etc.) und diese visuell so anordnen, wie es ihrem Empfinden entspricht. Wenn sie dann noch Gelegenheit haben, dieses Bild zu beschreiben, fühlen sich die betreffenden Personen verstanden und eben beteiligt!

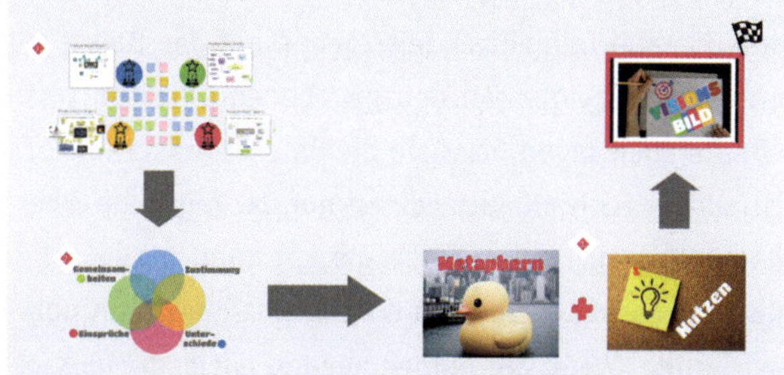

Prozesse visuell begleiten

Bleibt noch der zweite große Bereich – Menschen bei Prozessen mit Visualisierungen am Online-Whiteboard zu begleiten. Als Visual-Facilitator übernehme ich hier häufig auch die Moderatoren-Rolle. Einerseits, um Fragen zu stellen und die Veranstaltung anzuleiten, andererseits aber auch, um die Beteiligten zum Mit-Visualisieren einzuladen. Ganz nach dem Motto: »Zeig mir, was du dir denkst!« Ich hatte bereits erwähnt, dass Zeichnen Zeigen-mit-dem-Stift ist. So auch am Online-Whiteboard – alle Teilnehmenden können auf das Board zugreifen und zeigen mit den gegebenen Objekten (man könnte auch sagen, dass sie die Objekte aufstellen). Es ist zudem auch möglich, direkt auf der digitalen Oberfläche zu zeichnen. Ehrlich gesagt, braucht das aber durchaus etwas Übung. Mit einer Ausnahme: der Kinderzeichnung. Wenn die Teilnehmenden mit dem Mauszeiger zeichnen, wirkt das Ergebnis in den meisten Fällen nämlich so. Eine hervorragende Gelegenheit um diese Übung bewusst einzusetzen!

Prozesse visuell am Online-Whiteboard zu begleiten braucht jedenfalls einen guten Workflow. Ich organisiere mich dabei wie folgt:

1. Das Gesagte beziehungsweise Präsentierte wird von mir auf Notizzettel in seinen Kernaussagen mitgeschrieben und am Whiteboard platziert.

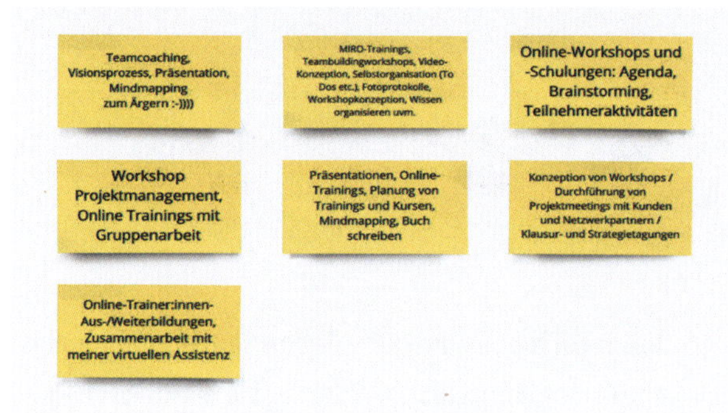

2. Aussagen, auf die ein besonderes Augenmerk gelegt wird, werden mit Piktogrammen, Bildern oder Stickern ausgezeichnet (und am besten gleich gruppiert, damit sie gemeinsam verschiebbar sind).

3. Die so entstehenden Informationsknoten werden in einem visuellen Framework angeordnet. Das kann auch ein Hintergrundbild sein, welches das Thema oder die Aussagen zum Thema unterstreicht.

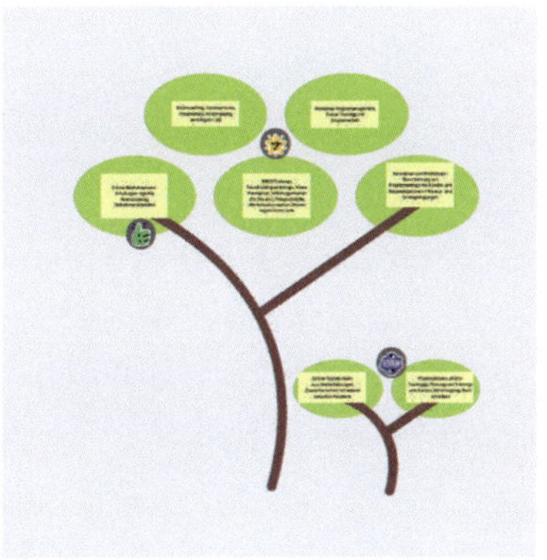

4. Die so entstandene Visualisierung wird häufig in einer Feedbackschleife von den Beteiligten besichtigt (Gallery Walk) und gegebenenfalls kommentiert (mit der Kommentarfunktion oder auch weiteren Objekten – zum Beispiel einer sogenannten Sticker-Party).

Das ist jedoch nicht die einzige Möglichkeit der visuellen Begleitung am Whiteboard. Mein bis dato größtes Event, das ich am Online-Whiteboard visuell facilitiert habe, hat dreihundertfünfzig Personen betroffen, welche an einem virtuellen Kongress teilgenommen haben. In so einem Fall ist die Moderation stark auf das Visuelle eingeschränkt und der Austausch findet in virtuellen Gruppenräumen statt (zum Beispiel in MS-Teams oder Zoom).

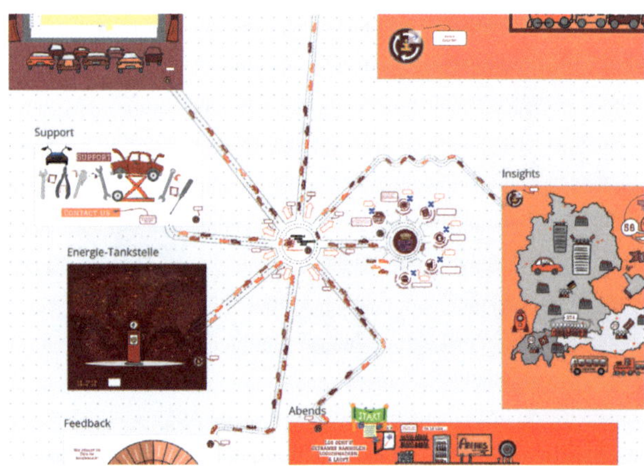

Damit ein solches Unterfangen glückt, braucht es ein gut durchdachtes visuelles Leitsystem am Board, das ohne verbale Kommunikation auskommt. Das könnte beispielsweise eine Art Kreisverkehr im Zentrum des Boards sein, von welchem dann alle Zubringer abbiegen und zu den einzelnen Hubs führen.

Gamification lautet das Zauberwort! – Die Beteiligten werden auf spielerische Art dazu motiviert, mitzumachen und bedienen sich der Kulturtechnik des Visualisierens, ohne darüber nachdenken zu müssen.

12 Visuals für Blogs und LinkedIn. So bekommst du Likes ohne Ende ...

Jetzt wird es nochmals emotional! Denn, Visualisierungen bedienen schließlich Hirn und Herz. Überall dort, wo Emotionen im Spiel sind, lässt sich rege Tätigkeit im visuellen Kortex des Gehirns feststellen. Soweit der Hintergrund, mit dem wir uns in diesem Buch nicht lange aufhalten wollen. Uns interessiert: Was machen wir daraus? Wie können wir das für unser Business nutzen?

Bereiche wie Workshops, Seminare, Meetings, Events, Unterricht und so weiter hatten wir ja bereits im Fokus. Visualisierungen lassen sich jedoch auch hervorragend auf Social Media, Blogs und Co einsetzen. Ich würde sagen: Willst du entsprechend Aufmerksamkeit generieren, sind Bilder hier gar nicht wegzudenken!

Nehmen wir zum Beispiel Themen wie Changemanagement, Coaching, Human Resources, Kommunikation, Vertrieb, Weiterbildung, Networking, Interkulturelle Zusammenarbeit, Work-Life-Balance, Leadership, Akquise und E-Learning.

Jeder dieser Begriffe für sich löst bei Menschen unterschiedliche Vorstellungen aus. Du liest die Überschrift und dein Gehirn mit all seinen Erfahrungen kann gar nicht anders, als sich ein Bild zu machen. In der Neurodidaktik spricht man davon, dass Vorwissen aktiviert wird. Das kann jetzt positiv und auch negativ sein. Dem wollen wir zuvorkommen! Aber wie?

Unser Gehirn verarbeitet Bilder wesentlich effizienter als bloßen Text. Hier ein Selbstversuch:

Ein See.
In dessen Mitte befindet sich eine Insel. Auf ihr steht eine Kirche. Sie befindet sich auf einem kleinen Hügel inmitten von Bäumen.
Es ist Herbst.
Die Insel mit ihrer Kirche spiegelt sich im glasklaren Wasser. Dahinter ist das Festland zu sehen. Sein Ufer säumt ein Wald. Im Hintergrund sind Berge zu sehen, deren Gipfel mit Schnee bedeckt sind.
Leichte Nebelschwaden ziehen durchs Land ...

Jetzt hast du vermutlich ein Bild vor deinem geistigen Auge. Ein Bild, das schrittweise in deinem Kopf entstanden ist – sich mit jeder Information, die du erhalten hast, vervollständigt beziehungsweise verändert hat. Das ist ein Prozess.

Betrachte nun folgendes Foto:

©Ursa Bavcar

Dein Gehirn verarbeitet diese Art der Information ganz anders. Es dauert gerade einmal hundert Millisekunden, das Bild zu erfassen und noch einmal einhundertfünfzig Millisekunden, um ihm eine Bedeutung zu geben. All das, was du vorher im Text gelesen hast, kannst du im Bild auch wiederfinden. Und noch viel mehr! Wo vorher zum Beispiel die Farbe der Dächer deiner Fantasie überlassen wurde, kannst du sie jetzt selbst sehen und auswerten. Das meiste davon geschieht unbewusst. Deine Absicht, mit welcher du dieses Bild betrachtest, bestimmt die Wahrnehmung der einzelnen Teile. Im Vergleich zum geschriebenen Wort geschieht dies auf wesentlich effizientere Art und Weise.

Du erinnerst dich ans Abstract-O-Meter? (Kapitel 6)

Mit dem Foto befinden wir uns auf der ganz linken Seite. Es enthält viele Details – dadurch lässt sich auch viel entdecken. Wollen wir nun den Fokus auf ein bestimmtes Detail legen, gibt es verschiedene Möglichkeiten, die Wahrnehmung einzugrenzen. Sehen wir uns das anhand des Kirchturms an:

1. Den Kirchturm mit einer markanten Farbe einkreisen.

2. Den Kirchturm in Farbe stehen lassen und den Rest des Bildes ausgrauen.

3. Den Rest des Bildes nicht bloß ausgrauen, sondern auch heller stellen.

4. Den Kirchturm mit einem Text in einem Container versehen und zum Beispiel mit einem Pfeil verbinden.

5. Das Bild auf den Kirchturm zuschneiden.

6. Den Kirchturm zeichnen.

Dass das Zeichnen als Kulturtechnik bei Punkt 6 ins Spiel kommt, liegt auf der Hand – aber auch bei den Punkten 1 bis 5 wird das Wissen und Können rund ums Visualsieren gebraucht. Wenn es ums digitale Zeichnen beziehungsweise Bearbeiten von Fotos geht, vor allem mit meinem iPad und dem Zeichenprogramm Procreate. Hier können Fotos ganz einfach importiert werden und dann entsprechend verändert. Alle vorangegangenen Bilder wurden auf diese Weise bearbeitet.

Selbstverständlich hätte ich den Text bei Punkt 4 auch als Textfeld einfügen können und nicht mit der Hand schreiben – jedoch gerade diese handschriftliche Notiz ist für das Gehirn besonders merkwürdig und rückt damit in den Fokus der Aufmerksamkeit. Ein Trick, den ich gerne auch bei PowerPoint-Folien einsetze!

Nach diesen Beispielen, wie Fokus in Bildern erzeugt werden kann, zurück zum Einsatz von Bildern für LinkedIn-Postings bzw. Blogs. Ich will es nicht dem Zufall überlassen, was sich der Leser von Postings bei dieser oder jener Überschrift vorstellt, sondern gezielt einen Eindruck vermitteln. Daher gebe ich eine inspirierende, positive, fokussierende Zeichnung (oder Foto) hinzu. Ich denke, folgende Beispiele veranschaulichen das ausgezeichnet:

Changemanagement

Human Resources

Coaching

Kommunikation

Vertrieb

Networking

Weiterbildung

Interkulturelle Zusammenarbeit

Work-Life-Balance

Akquise

Leadership

E-Learning

Technische Details

An dieser Stelle noch das eine oder andere Wort zur Formatierung und dem Format der so generierten Bilder, um sich das Leben zu vereinfachen.

Bildformat

Social-Media-Kanäle verlangen nach unterschiedlichen Maßen der Bilder – leider verändern sich diese von Jahr zu Jahr. Die gute Nachricht: Du findest die jeweils gültigen Bildgrößen leicht im Internet. Gib beispielsweise den Suchbegriff »Social-Media-Bildgrößen« ein (eventuell noch die aktuelle Jahreszahl dazu).

Für unsere Visualisierungen sind hier vor allem die Formate von Storys, Feeds und (Blog) Posts interessant.

Hier ein Blog-Post zu LinkedIn:
https://www.linkedin.com/pulse/fully-comprehensive-linkedin-size-guide-images-video-sarah-clay

Die angegebenen optimalen Bildgrößen sind auch dahingehend wichtig, da sie die Größe der Datei beeinflussen. Wenn du dich an diese Empfehlungen hältst, bist du jedenfalls auf der sicheren Seite.

Ob die Bilder jetzt eher quadratisch oder rechteckig sind, ist für uns maßgeblich, da dies dann die Zeichnung selbst stark beeinflusst:

Damit steht der Umsetzung der Visualisierung deiner Postings nichts mehr im Weg!

Wenn du auf der Suche nach einer Bildidee bist, lass dich auch von anderen inspirieren. Google beispielsweise das Thema und schau, welche Bilder es bereits zu diesem oder jenen Begriff gibt. Und frage dich selbst:

- Was willst du mit dem Bild bezwecken?
- Worauf soll der Besucher fokussieren?
- Was soll er sich idealerweise dabei denken beziehungsweise fühlen?

Online-Whiteboard

Noch ein praktischer Tipp zum Schluss. Ich erstelle gerne Bildcollagen auf Miro und exportiere diese dann gleich im richtigen Format für Postings.

Das Online-Whiteboard bietet mir eine einfache und wirkungsvolle Möglichkeit, verschiedene Objekte zu kombinieren und so ein Bild zu generieren, welches auch häufiger mit kleinen Abänderungen eingesetzt werden kann. Auch dazu ein Beispiel:

Möglichkeiten sind die neuen Gelegenheiten – das Zeichnen kultivieren

13

Damit sind wir beim letzten Kapitel dieses Buches angekommen. Bei meinen Kursen lege ich zum Ende einer Einheit immer ein besonderes Augenmerk auf den Transfer des Gelernten. Wie kann ich dich dabei unterstützen, dass du die Technik des Visualisierens kultivieren kannst?

Ganz wesentlich erscheint mir dabei, dass du nicht auf Gelegenheiten wartest, das Zeichnen einzusetzen, sondern, dass du Folgendes erkennst: Jeder Tag bietet unzählige Möglichkeiten zu zeichnen!

Dein Arbeitsalltag ist wahrscheinlich voll von:

- Meetings
- Präsentationen
- Schulungseinheiten
- Selbstorganisation
- Vorbereitungsarbeiten
- Reflexion
- und vielem mehr.

Bei jeder dieser Tätigkeiten kann das Zeichnen eingesetzt werden. Solltest du in einem Büro arbeiten, stell dir gleich mal ein Flipchart an deinen Arbeitsplatz oder ein Whiteboard. Oder organisiere dir zumindest einen Block (am besten im A3-Format mit Punktraster oder blanko), den du bewusst fürs Visualisieren einsetzt.

Beginne damit, anderen Menschen die Sachverhalte auch aufzuzeichnen beziehungsweise lade sie dazu ein, dir und anderen zu zeigen (mit dem Stift), was sie genau sagen wollen.

Zeichne in Meetings und bei anderen Veranstaltungen mit beziehungsweise ergänze deine Mitschrift um hilfreiche Piktogramme beziehungsweise ordne den Text in einem visuellen Framework an.

Und denke mit dem Stift – entwickle deine eigenen Gedanken mit Unterstützung von Zeichnungen weiter beziehungsweise setze diese auch zur Selbstreflexion ein. Die Möglichkeiten sind da!

Kompetenz entwickeln

Zeichnen ist eine Kompetenz wie Schreiben und Lesen auch! Eine Kompetenz entwickelt sich nicht dadurch, dass du bloß einmal etwas ausprobierst, sondern dadurch, dass du sie regelmäßig einsetzt und sie dadurch weiterentwickelst.

Mir hat dabei die sogenannte Kompetenzentwicklungskurve sehr geholfen:

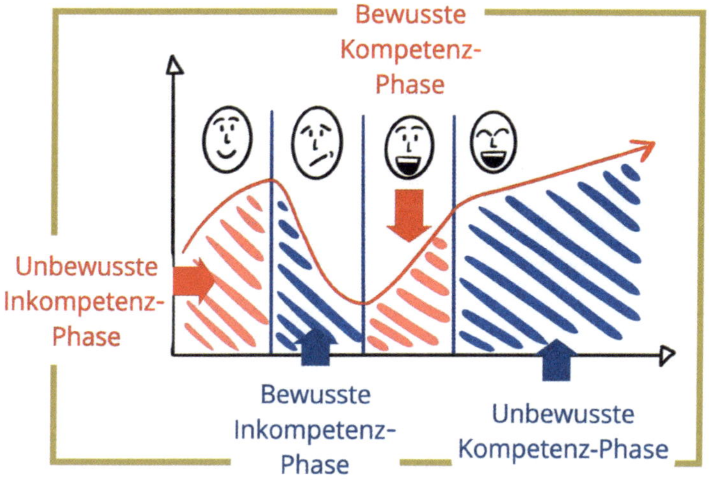

Sie hilft dir unter anderem dabei, die Motivation zum Erlernen einer neuen Kompetenz zu entwickeln beziehungsweise zu bewahren.

Im Wesentlichen besteht diese Kurve aus vier Phasen:

1. Die unbewusste Inkompetenz-Phase:
Ich will etwas Neues lernen (zum Beispiel eine Sprache) und weiß zu diesem Zeitpunkt noch gar nicht, auf was ich mich hier einlasse – oft gepaart mit Vorfreude.

2. Die bewusste Inkompetenz-Phase:
Ich habe mit dem Lernen begonnen und mit jedem neuen Kapitel wird mir bewusster, was ich alles nicht kann und auf was ich mich hier eingelassen habe. Diese Phase kann von einem Gefühl des Zweifelns begleitet sein (»Schaffe ich das?«).

3. Die bewusste Kompetenz-Phase:
Überwindet man das sogenannte Tal der Tränen – das heißt, beginnt man damit, erste Erfolge einzu-

fahren (zum Beispiel »Ich kann mich bereits mehr oder weniger gut mit jemanden in der neu erlernten Sprache verständigen«), keimt ein Gefühl der Hoffnung auf – die Motivation (und Energie) steigen.

4. Die unbewusste Kompetenz-Phase:
Ich wende das Gelernte an und muss nicht einmal mehr darüber bewusst nachdenken (zum Beispiel denke ich beim Autofahren nicht mehr daran, Kupplung oder Schalthebel betätigen zu müssen). Ich komme in den sogenannten Flow.

Und genau dorthin (beziehungsweise durchaus auch schon in Phase 3) richtet sich meine Frage nach der Motivation – dem Wozu. Spätestens jetzt solltest du dir klar machen, dass dieses Wozu individuellen Charakter hat. Frage ich Seminarteilnehmer zu Beginn einer Veranstaltung nach dem Wozu »Warum sind Sie hier?«, erhalte ich verschiedenste Antworten:

- »Ich will das Gelernte beruflich einsetzen.«
- »Ich will meine Präsentationen aufwerten und interessanter machen.«
- »Ich will in Bildern sprechen können.«
- »Ich will das Gelernte in Meetings und bei Klienten umsetzen können.«
- »Ich will wirkungsvoller und verständlicher werden.«
- »Ich will ...«

Was ist eigentlich dein Wozu um dieses Buch zu lesen beziehungsweise daraus etwas zu lernen:

Mein WOZU:

____

____

____

Abgesehen von der Tatsache, dass häufig das Was mit dem Wozu verwechselt wird (viele Menschen neigen dazu, auf die Frage zu antworten, was sie lernen wollen und nicht wozu), scheint es interessanterweise einen gemeinsamen Nenner zu geben (über verschiedene Berufsgruppen und Nutzer hinweg):

Das Thema Kommunikation steht im Zentrum!

Kommunikation

Und zwar Kommunikation mit anderen Menschen und jene mit mir selbst.

Ein alter Hut? Zumindest so alt, dass das Thema die Menschen bereits vor über hunderttausend Jahren beschäftigt hat. In der Steinzeit malten Menschen beispielsweise Bilder auf Höhlenwände, um so ihre Erfahrungen austauschen zu können. Für diese Zeit vermutet man, dass das Malen einerseits dem Zweck des künstlerischen Ausdrucks diente, aber auch dem praktischen Zweck (und auch das Spirituelle sollte nicht außer Acht gelassen werden). Praktisch ging es um den Austausch von Informationen über Jagdwild, Jagdtechniken oder Wanderrouten der Tiere.

Ich spreche in diesem Zusammenhang gerne von den ersten verbildlichten Projekten von Menschen. Nachdem ein Projekt ein zielgerichtetes Vorhaben unter Berücksichtigung bestimmter Vorgaben ist, scheint mir das gar nicht so weit hergeholt zu sein. Wie man sich vorstellen kann, war hier in vielen Fällen missverständliche oder unklare Kommunikation tödlich (man denke nur daran, welchen Schaden ein riesiges Mammut anrichten konnte).

Kein Wunder, dass uns Menschen von jeher daran gelegen war (und immer noch ist), an der erfolgreichen Kommunikation und deren Wirkung zu arbeiten. Und, je komplizierter oder vor allem komplexer ein Sachverhalt wurde, umso wirkungsvoller haben sich eben Visualisierungen als Kommunikationsmittel herausgestellt. Und hier schließt sich der Kreis zu diesem Buch beziehungsweise meinen Seminaren. Das heißt, zusammenfassend könnte das ultimative Wozu so (oder ähnlich) formuliert werden:

»Ich will erfolgreicher (wirksamer) kommunizieren!«

Ich kann aus meiner Erfahrung heraus nur bestätigen: Ja, mit Visualisierungen (egal ob Zeichnungen, Aufstellungsarbeit etc.) kommuniziere ich besser.

Letzten Endes kann es ja gar nicht anders sein. Das gesprochene oder geschriebene Wort dient ja nur als Abbild von Gegenständen, Personen, Phänomenen und vielem mehr!

Wie viel mehr, hat Ludwig Wittgenstein in seinen »Philosophischen Untersuchungen« zur Sprache des Menschen eindrucksvoll zu Buche gebracht.

Wir übersetzen das Gesehene, Gehörte, Erlebte etc. in Worte und Sätze (oder Laute). Und zwar immer so, wie es sich für uns zeigt.

Einerseits können wir uns in Worten mitteilen, wie das Bild oben zeigt, andererseits geht dabei aber einiges (zwangsläufig) verloren. Außerdem müssen wir jedenfalls unserem Gegenüber vertrauen, dass das Gesagte auch dem tatsächlich Gefühlten (Erlebten etc.) entspricht. Und vieles ist uns ja nicht einmal selbst bewusst – wie sollen wir uns da jemand anderes wirkungsvoll mitteilen können!

Wir teilen uns jedoch auch in Visualisierungen mit – und zwar meist vollkommen unbewusst: mit der Sprache unseres Körpers! In dem Fall entsteht bereits ein äußerst starkes und einprägsames Bild. Hier treffen sich die Gesprächspartner allerdings auf einer unbewussten Ebene.

Interessanter wird es da schon, auf der bewussten Ebene direkt mit Zeichnungen und Bildern zu arbeiten! – Erfolgreiche Kommunikation kann unter Ausschluss von Visualisierungen meines Erachtens gar nicht stattfinden.

Transferwirksamkeit

Mit großer Begeisterung habe ich das Buch »Was Trainings wirklich wirksam macht« von Dr. Ina Weinbauer-Heidel gelesen.

Ausgangspunkt ihrer Arbeit ist eine Studie, wonach von zwölf Seminarteilnehmern lediglich zwei (!) das dort Erlernte auch tatsächlich in der Praxis einsetzen. Acht der Teilnehmer probieren zumindest einmal etwas aus – lassen es dann aber endgültig sein und bei zwei Teilnehmern scheint die Veranstaltung spurlos vorüber gegangen zu sein.

Diese Tatsache hat mich wirklich erschreckt. Besonders bemerkenswert: Den meisten Veranstaltern von Seminaren ist dieser Umstand bekannt und es gibt dennoch keine Konsequenzen!

Nicht nur Dr. Weinbauer-Heidel denkt sich da zu Recht, dass an der Wirksamkeit unbedingt gearbeitet werden muss. Sie führt dazu aus, dass an drei Stellen angesetzt werden kann:

- den Trainern,
- den Teilnehmern und
- den Organisationen,

welche diese Trainings einkaufen. Sie beschreibt in ihrem Buch zwölf mögliche Stellhebel, an welchen gedreht werden kann.

Für mich war beim Lesen des Buches klar, dass Visualisierungen wesentlich zum Transfererfolg (das heißt, der Transfer von der Theorie in die Praxis) beitragen können. Und zwar bei vielen dieser Stellhebel und nicht nur in Bezug auf Wissen, sondern auch bei Prozessen (ich denke dabei auch an Coachings, Beratungen etc.).

Mit Visualisierungen zu arbeiten heißt daher: direkt an der Wirksamkeit von Veranstaltungen anzusetzen.

Letze Worte und ein Geschenk

Nachdem jetzt ausführlich und hoffentlich eindrucksvoll das Wozu geklärt ist, empfehle ich dir abschließend:

Sollte dich einmal der Mut verlassen (oder die Willenskraft nachlassen), empfehle ich dir, nochmals dieses Kapitel aufmerksam zu lesen – ein starkes Wozu ist schließlich eine mächtige Antriebskraft und kann wahre Wunder bewirken!

Um deinen Raum der Möglichkeiten zu erweitern gibt es zum Abschluss auch noch ein Geschenk: Ich lade dich herzlich dazu ein, meinem kostenfreien Graphic Gym beizutreten. Hier kannst du in wöchentlichen, kurzen Einheiten (zwei bis drei Minuten) Bildvokabeln lernen – wann und wo immer du willst. Mehr dazu auf meiner Website: visualsforbusiness.com

Keep on drawing!

Danke

Von Herzen sage ich Danke an meine Frau, Brigitte. Ohne dich wäre dieses Buch nicht entstanden und ich weiß jetzt bereits, dass es mit dir sehr viel Freude machen wird, dass Buch anderen Menschen zu zeigen.

An zweiter Stelle sei schon der BusinessVillage Verlag erwähnt. Allen voran Christian Hoffmann, der mir nicht nur wertvollen Input zur Struktur des Buches geliefert hat, sondern mir das Schreiben durch seine direkte und unkomplizierte Unterstützung ungemein erleichterte. Und Dank gebührt auch seinem fantastischen Team, das mir hochprofessionell und immer hilfreich zur Seite stand und hoffentlich steht.

Mein Dank gilt auch der inspirierenden und stets lösungsorientierten Community der Graphic Recorder und Facilitatoren. Allen voran Robert Six, mit dem mich nicht nur eine herzliche Freundschaft, sondern auch eine fruchtvolle Arbeitsbeziehung verbindet. Ich freue mich bereits darauf, mit dir weiter in die Welt der Visualisierung einzutauchen und zu reisen.

Und auch Dank allen anderen, die ob der großen Anzahl hier namentlich nicht erwähnt werden können. Das Arbeiten im Business mit Zeichnungen ist ein wunderbares Geschenk, das ich mit euch allen teilen darf: Kolleginnen und Kollegen, Seminar- und Workshopteilnehmenden, Menschen, die meine Lehrgänge besuchen, Kundinnen und Kunden, die sich freudvoll und offen auf die Welt der Visualisierung einlassen.

Und zum Schluss danke ich all jenen, die noch nicht mit der Welt der Visualisierung in Berührung gekommen sind. Ihr seid meine Motivation, das Zeichnen im Business weiter zu tragen – schließlich macht kaum etwas mehr Freude, als ein lachendes Gesicht, weil jemandem eine O-U-W-Figur gelungen ist!

Literaturquellen und Links

Willemien Brand (2018): Visual Doing. A Practical Guide to Incorporate Visual Thinking into Your Daily Business and Communication. BIS Publishers, Amsterdam, Niederlande.

Willemien Brand (2017): Visual Thinking. Empowering People and Organisations through Visual Collaboration. BIS Publishers, Amsterdam, Niederlande.

Betty Edward (2013): Das neue Garantiert zeichnen lernen. Workbook. Anleitung zu praktischen Übungen in den fünf Grundfertigkeiten des Zeichnens. Rowohlt, Hamburg.

Dave Gray, Sunni Brown, James Macanufo (2011): Gamestorming. Ein Praxisbuch für Querdenker, Moderatoren und Innovatoren. O'Reilly, Sebastopol, USA.

Heike Haas (2020): Figuren zeichnen aus der Hüfte. Strichmännchen und Menschen schnell und einfach zeichnen. mitp, Frechen.

Gerald Hüther (2014): Die Macht der inneren Bilder. Wie Visionen das Gehirn, den Menschen und die Welt verändern. Vandenhoeck & Ruprecht, Göttingen.

Franz Hütter, Sandra Mareike Lang (2020): Neurodidaktik für Trainer. Trainingsmethoden effektiver gestalten nach den neuesten Erkenntnissen der Gehirnforschung. ManagerSeminare, Bonn.

Scott McCloud (2001): Comics richtig lesen. Die unsichtbare Kunst. Carlsen, Hamburg.

Christoph Niemann (2016): Wörter. Diogenes, Zürich, Schweiz.

Dan Roam (2019): Auf der Serviette erklärt. Mit ein paar Strichen schnell überzeugen statt lange präsentieren. Redline Verlag, München.

Dan Roam (2012): Bla, Bla, Bla. Spannende Geschichten mit Illustrationen erzählen. Redline Verlag, München.

Mike Rohde (2014): Das Sketchnote Handbuch. Der illustrierte Leitfaden zum Erstellen visueller Notizen. mitp, Frechen.

Holger Scholz, Roswitha Vesper (2022): Facilitation. Dialog- und handlungsorientierte Organisationsentwicklung. Vahlen Verlag, München.

Malte von Tiesenhausen (2020): ad hoc visualisieren. denken sichtbar machen. BusinessVillage Verlag, Göttingen.

Ina Weinbauer-Heidel, Masha Ibeschitz-Manderbach (2016): Was Trainings wirklich wirksam macht. 12 Stellhebel der Transferwirksamkeit. Tredition, Ahrensberg.

Agile Games

Christian Böhmer
Agile Games
Das Spielebuch für agile Trainer, Coaches und Scrum Master
2. Auflage 2023

254 Seiten; Broschur; 19,95 Euro
ISBN 978-3-86980-543-6; Art.-Nr.: 1102

Komplexe Fragen und Problemstellungen lassen sich auch spielerisch angehen. Gerade agile Spiele machen den Wandel greifbar, eröffnen neue Perspektiven und ermöglichen es, Erkenntnisse und kreative Ideen in einem geschützten Spielraum zu entwickeln.

Wie lassen sich agile Spiele gezielt einsetzen? Welche agilen Spiele gibt es? Wie lassen sich agile Spiele (weiter-) entwickeln? Wie funktioniert agiles Online-Gaming?

Antworten darauf liefert Böhmers Buch. Anschaulich zeigt es, wie agile Spiele gezielt eingesetzt werden und welche neuen Möglichkeiten sich im spielerischen Umgang mit Herausforderungen ergeben. Böhmers Buch liefert ein umfassendes Set an agilen Spielen inklusive praktischer Tipps zur Anwendung. Von Kick-off-Spielen über Spiele zur Vermittlung agiler Mindsets bis hin zu Strategiespielen.

Das Buch Agile Games ist die praktische Toolbox für agile Workshop-Macher.

www.BusinessVillage.de

77 magische Bilder, die dich stärker machen

Markus Hörndler
77 magische Bilder, die dich stärker machen
Das inspirierende Motivationsbuch
1. Auflage 2024

176 Seiten; Broschur; 19,95 Euro
ISBN 978-3-86980-731-7; Art.-Nr.: 1186

Wir leben in einer Zeit voller Stressfaktoren, Leistungsdruck, Weltproblemen und Zukunftssorgen. Negative Gedanken dominieren.

Das Leben verlangt vieles von uns ab. Wie du deine Persönlichkeit und deinen Kopf stärkst, illustrierte Markus Hörndler in 77 bewegenden Bildern, die auf inspirierende Art und Weise darstellen, wie du mit Optimismus, Zuversicht und positiven Gefühlen dir selbst und anderen Menschen begegnest.

Sie bringen dich zum Nachdenken, zum Umdenken und dazu, neue Möglichkeiten im Leben zu sehen.

Ganz ohne starre Verhaltensvorschriften gibt dir dieses Buch anregende Impulse, die richtigen Fragen zu stellen und stärkt deine dir innewohnende Motivation.

www.BusinessVillage.de